THINK AND GROW RICH

思考致富

拿破仑·希尔的致富黄金法则

[美] 拿破仑·希尔 著   艾思 译

中国友谊出版公司

图书在版编目（CIP）数据

思考致富 /（美）拿破仑·希尔著 ；艾思译. -- 北京：中国友谊出版公司，2016.11（2019.7重印）

书名原文：THINK AND GROW RICH

ISBN 978-7-5057-3902-4

Ⅰ. ①思… Ⅱ. ①拿… ②艾… Ⅲ. ①成功心理－通俗读物 Ⅳ. ①B848.4-49

中国版本图书馆CIP数据核字(2016)第271022号

著作权合同登记号 图字：01-2016-8074

Think and Grow Rich, Official 1937 Unedited Edition, by Napoleon Hill
Original English Language Edition Published by The Napoleon Hill Foundation
All rights reserved.
Simplified Chinese rights arranged through CA-LINK International LLC (www.ca-link.com)

书名	思考致富
作者	[美]拿破仑·希尔
译者	艾思
出版	中国友谊出版公司
发行	中国友谊出版公司
经销	新华书店
印刷	北京中科印刷有限公司
规格	710×1000毫米 16开 17.25印张 211千字
版次	2017年4月第1版
印次	2019年7月第2次印刷
书号	ISBN 978-7-5057-3902-4
定价	88.80元
地址	北京市朝阳区西坝河南里17号楼
邮编	100028
电话	(010) 64678009

版权所有，翻版必究
如发现印装质量问题，可联系调换
电话 (010) 59799930-601

你最想要什么？

金钱、名气、权利、满足、品格，还是幸福？

本书所述的"致富十三步"为寻求明确生活目标的人们提供了最简要、最可靠的个人成功哲学。

如果你在翻阅本书之前认识到它并非用于消遣，那你将获益匪浅。一周或一个月的时间没法完全消化本书的全部内容。

享誉全美的咨询师兼托马斯·爱尔瓦·爱迪生的终生合伙人米勒·里斯·哈奇森（Miller Reese Hutchison）博士在通读全书后，曾说：

"这不是一本小说。这是一本个人成功学教材，其内容直接来源于全美数百位最成功人士的经历。读者应当研究、消化并冥思。一个晚上的阅读量不应该超过一章。读者应当划下感触最深句子，然后翻回这些标记处，再看一遍。真正的学生不仅看一遍这本书，还会吸收书的内容并内化于心。全美各个高中都应当引进这本书，而且任何没有以满意成绩通过相关内容的考试的学生，均不允许毕业。本书所述的成功学不会替代学校所教的科目，反而能帮助学生组织和应用所学知识，并将其及时地转化为有益的服务和可观的报酬。"

纽约城市学院院长约翰·R.特纳博士在看完这本书后，说：

"你儿子布莱尔的事迹就是证明这本书的最佳案例，你在'欲望'这章中讲述了他的精彩故事。"

特纳博士提到了作者的儿子，他患有先天听力缺陷。他不仅摆脱了成为聋哑人的命运，还运用此书描述的成功学化残疾为无价资产。

使用本书的最佳受益方法

　　读完本书后，你会意识到自己将掌握一门成功学。它能转化为物质财富，或带给你内心的平和、心灵的和谐，以及在某些情况下，这些法则能助你征服身体的苦痛（比如作者儿子的案例）。

　　通过亲自对数百位成功人士的分析，作者发现他们均有交流想法的习惯，而且通常在讨论会上开展。

　　当他们需要处理问题时，会坐在一起自由畅谈，直到从彼此的想法里得到符合要求的方案。

　　亲爱的读者，运用本书中的"智囊团"法则，你会吸收精华，开始组建学习小组，小组成员的数量不限，但成员内部需友好且和睦。

　　这个小组每周召开例会。每次会议的议程是朗读本书的某一章，然后大家就这章内容自由讨论。每个成员应做笔记，记下自己讨论中受激发的灵感。在开放阅读和小组讨论的数日前，成员们均应仔细品读并分析指定章节。负责组内朗读章节的成员，应读得好而且会在字里行间倾注色彩和情感。

　　若读者遵循这个计划，那你将从书中获得数百位成功人士的经历总结的精华，激活大脑知识源泉，收获每个案例的独特之处。

　　正如作者在引言中曾提到，如果你能持之以恒，那你十有八九会找到安德鲁·卡内基成为顶级富豪的秘诀。

美国名流对作者的赞誉

"思考致富"历经二十五载打磨成形。这本书是拿破仑·希尔的最新著作,并以希尔著名的成功学法则为基石。他的作品受到了全美来自金融、教育、政治等领域一众名流的赞誉。

美国最高法院,华盛顿

尊敬的希尔先生:

我刚拜读完您的几本成功学教材,十分敬佩您对这门学问所做出的卓越成就。

如果这个国家的政客们都能吸收并运用您从实践总结出的法则,将大有裨益。这本书蕴藏精华,值得各行各业的翘楚研读。

我很荣幸有机会为这本"成功学"指南贡献绵薄之力。

诚挚的

美国前总统、前首席大法官

便利店之王

通过应用成功学的法则,我公司陆续建立一批成功的商店。可以毫不夸张地说,伍尔沃思大楼是一座证实这些法则的纪念碑。

——F. W. 伍尔沃思

一位伟大的汽船业巨头

我十分感激能有机会拜读您的成功学。如果我在50年前就掌握了这些法则,可能会事半功倍。我衷心地希望大众都能发现并欣赏您的作品。

——罗伯特·大莱

美国著名的工人领袖

掌握了成功学法则就相当于有了一份应对失败的保险。

——塞缪尔·冈珀斯

美国前总统

我向您持之以恒的成果表示祝贺。任何长期以来付出时间,而且倾注心血的人……定会给他人带来巨大价值。您已经详细阐释"智囊团"法则,独到见解令我印象深刻。

——伍德罗·威尔逊

商界王子

我相信您的成功法则，因为长达 30 年的时间里，我始终在生意里应用这些法则。

——约翰·沃纳梅克

世界上最大的相机制造商

我知道成功法则令你收获满钵。我不会用金钱来衡量它的价值，因为受其教育下的学生，其素质决不能仅用金钱来衡量。

——乔治·伊士曼

全美皆知的商业巨头

无论我取得过哪些成就，这些全都归功于对成功法则的应用。我很荣幸成为您的第一位学生。

——小威廉·瑞格理

目录

出版人前言　　　　　　　　　　　　　　　　1

作者前言　　　　　　　　　　　　　　　　　3

第一章　　引言 思考造就合伙人　　　　　　5

第二章　　欲望 致富第一步　　　　　　　　21

第三章　　信念 致富第二步　　　　　　　　41

第四章　　自我暗示 致富第三步　　　　　　63

第五章　　专业知识 致富第四步　　　　　　71

第六章　　想象力 致富第五步　　　　　　　85

第七章　　周密计划 致富第六步　　　　　　101

第八章　　决断力 致富第七步　　　　　　　141

第九章	毅力　致富第八步	153
第十章	从智囊团获得力量　致富第九步	169
第十一章	性的神秘　致富第十步	179
第十二章	潜意识　致富第十一步	197
第十三章	头脑　致富第十二步	205
第十四章	第六感　致富第十三步	215
第十五章	如何消除六种恐惧心理　头脑清醒方可致富	223

出版人前言

这本书记载了超过 500 位富翁的经历，他们白手起家；没有什么能让人致富，除了思想、理念和精心的规划。

这里有关于致富的一整套法则，它是从全美人民熟知的过去 50 年里最成功人士的实际成就总结而来。它讲述了"做什么"以及"怎么去做"！

它展现给读者"如何推销自己"的完整指导。

它给你提供了一套完美的自我分析体系，它将充分揭示在过去的日子里，是什么阻隔在你和"财富"之间。

它披露了安德鲁·卡内基的著名成功秘诀。卡内基利用这个秘诀，不仅累积了数亿美元的财富，而且还将至少 20 位学习他秘诀的学生打造为亿万富翁。

也许你并不需要这本书里的全部内容——这本书里描述的 500 位成功人士也不需要——但是你可能恰好需要"某个理念、计划或者建议"去实现你的目标。在这本书的某处，你会发现，实现目标需要激励。

这本书是受卡内基启发的产物，它创作于卡内基成为亿万富豪并退休之后。它的作者是那位卡内基向他透露惊天致富秘诀的人——也是那位被 500 位富翁告知他们财富来源的人。

在这本书里，你将会发现致富的十三大法则，这对每位想累积充足财富和保证经济独立的人而言都至关重要。作者在创作这本书之前，进行了周密的调研——据估算，调研耗时整整 25 年——相当于至少 10 万美元的成本。而且这本书包含的内容无论如何都无法复制,因为它里面提供信息的500位成功人士中的半数都已过世。

财富永远无法用钱来衡量!

金钱和物质对于身体和心灵的自由至关重要,但是一部分人会清楚,最大的财富只存在于持久的友谊、和谐的家庭、商业伙伴之间的同情与理解,以及内省所带来的只能用精神财富衡量的心境平和。

所有研读、理解并应用这些法则的人能更好地准备去寻求和享受这些更深层的财富,它们永远都只属于那些蓄势待发的人。

因此,当接触这些法则并受其影响时,你应当做好准备去体验"新生活"。它不仅会帮助你平和地应对生活,还能帮你累积大量的物质财富。

出版人

作者前言

这本书的每一章都会提到致富秘诀,笔者数年以来认真分析的500位富豪都是靠它发家致富的。

大概在20多年前,安德鲁·卡内基引导我关注了这个秘诀。那时我正值年少,这位精明、可爱的苏格兰老人不经意地把这个秘诀灌输到我脑子里。然后他坐回椅子上,双眼放出喜悦的神采,认真观察我是否有足够的脑细胞来消化他所传授的秘诀的意义。

当意识到我得到了要领,他问我是否愿意拿出20年甚至是更多的时间去把秘诀介绍给世界,给那些没有了它可能沦为生活失败者的芸芸众生。我回答说愿意,而且在卡内基先生的帮助下,我履行了自己的承诺。

这本书里的秘诀已经被几乎各行各业中成千上万的人实践验证。

卡内基先生认为这个曾带给他巨额财富的秘诀应当传递给没有时间研究如何致富的人们,他希望我能通过各行各业的人们的经历来检验并论证这一秘诀的可靠性。他认为所有公立院校都应教给学生这个秘诀;他还指出如果教得好,那意味着整个教育体系的革命,而且学生上学的时间可以减少一半以上。

卡内基先生从查尔斯·许瓦布以及和他一样的年轻人身上证实了一个观点——学校所教的大部分知识对于养家糊口和积累财富而言,并没有任何价值。卡内基得出这个结论是因为他说服了一个又一个年轻人，他们当中很多人学历较低，但是通过培训他们应用这个秘诀，发掘了他们的领导力。而且，他的培训成功地指导了每一位遵循法则的学员致富。

第一章
引言

思考造就合伙人

真的,"思考的确意味着什么",当思考与明确的目标、坚持不懈的行动、获取财富和物质的"强烈欲望"结合时,它会充满力量。

三十多年前,埃德温·巴恩斯发现"思考致富"就是真理。他并非一夕之间顿悟,而是一直有着强烈的欲望,一步步成为伟人爱迪生的生意合伙人。

巴恩斯有着明确的欲望,这是其独特之处。他希望同爱迪生共事,而不是为爱迪生工作。仔细观察巴恩斯将欲望转化为现实的故事,你就能更好地理解致富十三步法则。

起初,当这个欲望或冲动窜入脑海时,他根本无力实现。他不认识爱迪生先生，也没有钱买一张去新泽西州东橙郡的火车票。

这些困难会阻碍大多数人采取行动去实现欲望，但巴恩斯的欲望异常强烈！他没有向困境屈服，并下定决心找到实现欲望的办法——跳上一列开往东橙郡的货运列车。

年轻的巴恩斯出现在爱迪生先生的实验室，大声宣布要跟这位发明家谈业务。数年后，谈及巴恩斯和自己的初次会面，爱迪生先生说道："他站在我跟前，看起来像个流浪汉，但他脸上的表情告诉我，这个人十分坚定要实现自己的目标。数年来与形形色色的人打交道，我早已明白当人对某个东西拥有强烈的欲望，他会心甘情愿赌上一生去实现，而且必能成为赢家。我给了他想要的机会，因为我知道他早已下定决心，义无反顾直至成功。后来的结果证明的确如此。"

相比巴恩斯的想法，他对爱迪生先生所说的话远不重要！爱迪生自己这么说。绝不是因为这位年轻人的贸然出现开启了他在爱迪生办公室的事业，因为这样做显然对他不利。真正关键的是想法。

如果这段话的重要性能传递给每位读者，那本书剩下的章节就没有存在的必要了。

的确，巴恩斯凭初次面试就成为爱迪生的合伙人。巴恩斯得到了在爱迪生办公室工作的机会，虽然拿着微薄的工资，做着爱迪生交代给他的琐碎事务。但对巴恩斯来说，这至关重要，因为得到了在梦想"合伙人"面前展示自己的机会。

几个月过去了，很显然，巴恩斯设定的明确而首要的目标并没有完全实现，但他内心萌发了日益强烈的欲望——要成为爱迪生的合伙人！

心理学家指出："当人真的想得到某个东西，就会在其外在显露出来。"为成为爱迪生的合伙人，巴恩斯做足了准备，而且蓄势待发以实现目标。

他并没有这样告诉自己，"唉，有什么用！还是罢了，去争取一份销售的工作得了。"相反，他告诉自己，"我来这里，就是为了和爱迪生谈业务，只要我投入余生的时间，就会实现这个目标。"他很认真！如果人们能设定一个明确的目标，坚守目标直至其成为毕生的追逐，那会成就完全不同的故事！

年轻的巴恩斯也许那时并不知道自己的结局，但是他坚定的决心、对欲望的执着与坚守，注定助他排除万难，终迎来属于自己的机遇。

当机遇到来，巴恩斯没有预想到是以这样形式和方向出现，这便是其巧妙之处。机遇总是狡猾地从后门溜进来，通常用不幸或暂时挫败的模样伪装。或许这就是如此多的人没能抓住机遇的原因。

爱迪生先生彼时已经完成了对一件办公室设备的改良，当时被称为"爱迪生录音机"（现在叫作"爱迪生电话"）。爱迪生的销售人员对这部机器并不热情，他们认为如果不花大力气，根本卖不出去。巴恩斯看到了机会。它静悄悄地钻进然后藏在一台长相怪异的机器里，一部只得到巴恩斯和其发明者青睐的机器。

巴恩斯知道自己能卖掉"爱迪生录音机"。他向爱迪生建议，并立即得到了机会，他真的卖掉了这部机器！最终，巴恩斯的销售十分成功，所以爱迪生给了他一份合同，让其在全美营销这个产品。这对强大的商业搭档催生了这样的口号："爱迪生发明，巴恩斯包装。"

他们的商业盟友关系持续了30余年。从中，巴恩斯收获了大笔财富，但是他完成了更大的事业——证实了真的能实现"思考致富"。

对巴恩斯来说，最初的欲望值多少钱，我根本无从得知，可能带给他两三百万美元吧。不管这个数字是多少，与巴恩斯得到的更大资产价值相比，这些无足轻重。更大的资产就是一种明确的认识：运用已知的致富法则，无形的想法能转化为有形的财富。

巴恩斯真把他自己看作伟人爱迪生的合伙人！他意识到自身就是财富。白手起家的他只有一种能力，就是知道自己想要什么，并坚守这一欲望直至实现。

巴恩斯创业时身无分文，没有接受太多教育，也没有什么影响力。但他有取胜的动力、信念和意志。有了这些无形的力量，他成为史上最伟大发明家的首席合伙人。

现在，让我们来看一个反面案例。一个原本与财富近在咫尺的人，却与其擦肩而过，因为他在距离目标仅仅三英尺的地方停了下来。

三英尺的距离

导致失败的一个最普遍的原因就是被暂时的挫折击垮，然后半途而废。每个人都会不时地因犯这类错误而自责。

R.U. 达比的叔叔在淘金时代深受"淘金热"影响，前往西部挖金寻宝。他从未听说人脑里的金矿远比从地下挖出来的金子要多。他注明了地标，拿着锄和铲开始挖掘起来。过程很艰辛，但他对黄金的渴求十分确切。

几周的作业后，他得到了回报，他发现了闪亮的矿石，但需要机器把矿藏掘出地表。他悄悄地掩盖住矿石，沿着脚印回到了他在马里兰州威廉斯堡市的家。他告诉了亲戚和几位邻居自己掘金的经历，大家一起筹钱买到了开采所需的机器，只等设备发货。随后，叔叔和达比一同返回，并继续挖矿。

他们开采了第一车矿石，并运到冶炼厂。这次的收获证实他们拥有科罗拉多州最富有的矿藏之一！再多几车矿石就能还清购买设备所欠的债务，然后就是滚滚而来的利润。

钻头向地底下伸入，达比和叔叔内心的希望在升腾！这时候出问题了，金矿的矿脉消失了！钻头探到了尽头，宝藏消失不见了。他们继续向下挖，拼命地寻找矿脉——仍然一无所获。

最后，他们放弃了。

他们把那台设备折旧卖给旧货商，换来几百美元，然后乘火车回家了。大多数旧货商都很迟钝，但这位显然不是！他找来一位采矿工程师去查看矿藏。做了些计算后，工程师指出，先前的项目之所以失败，是因为这行人并不清楚"断层线"的概念。工程师的计算数据表明，矿脉距离他们停止挖掘的位置只有三英尺，刚好三英尺！

旧货商凭着金矿得到了数百万美元，因为他清楚在确定放弃前先寻求专业的意见。

购买采矿设备的大部分资金都是达比费力筹集而来，那时他还十分年轻。钱主要是从亲戚和邻居那儿借的，因为他们信任达比。尽管耗费了数年的时间，但他还清了所有借款。

很久以后，当达比先生意识到欲望能转化为财富的时候，他弥补了数倍于曾经的损失。他在转入人寿保险销售业务后才悟出这个道理。

达比铭记自己因为放弃三英尺而与巨额财富失之交臂的教训，这令他在保险业获益匪浅。方法很简单，他时刻提醒自己："我曾在距离黄金三英尺的地方停下了，以后绝不会因为在推销保险时，顾客对我'不'就停下。"

达比每年卖出的人寿保险销售额超过百万美元，拥有这般业绩的推销员全美不超过 50 位。他把自己的"韧性"归功于那次对采矿业务"放弃"而吸取的教训。

在成功走进人们的生活之前，这个人定会遭遇不少挫败，甚至可能是失败。当人被挫败感笼罩，所能做的最简单、最直白的事就是放弃。这也恰是大多数人的做法。

全美有史以来最成功的 500 位名人告诉作者，他们获得最大的成功之前，都近乎被挫败击垮。失败是个狡谲的捣蛋鬼，它爱在距离成功很近的地方把人绊倒，并乐此不疲。

50 美分的启示

达比先生从"挫折大学"毕业后，下定决心从掘金事件中"吃一堑，长一智"。这次经历带给他宝贵的财富，也证实"不"在有些情况下，不一定意味着否定。

一天下午，达比正在一家老式磨坊里帮叔叔磨麦子。叔叔经营着一个大农场，很多黑人佃农在此谋生。静静地，门推开了，一个佃农家的黑人小女孩走了进来，站在门边。

叔叔抬起头，看了看她，不耐烦地问她："你来这儿干吗？"小女孩怯生生地答道："俺娘说给得给她 50 美分。"叔叔回答："我不会给她的，你回去吧。"

小女孩答道："是，先生。"但她仍一动不动地站在原处。

叔叔继续埋头干活，他十分投入，没再注意这个孩子，也没有意识到她根本没有离开。他抬起头，看到女孩仍站在门边，冲她吼道："我说了赶紧回家！快走，要不然我拿棍子打你。"

小女孩仍回答"是，先生"，可寸步未移。

叔叔放下准备倒进磨坊漏斗的谷袋，捡起一条木桶板，一脸焦躁地朝小女孩走去。

达比不敢出声。他确信自己将亲眼见证一场谋杀，他知道叔叔脾气火暴，也清楚在这片地方，黑人小孩绝不能违抗白人。

当叔叔走到小女孩跟前，小女孩立马向前迈了一步，直视他的双眼，大声尖叫："俺娘必须得到50美分！"

叔叔停下脚步，看了女孩一会儿，然后缓缓将木桶板放回地板。他把手伸进口袋，掏出50美分，递给小女孩。

小女孩接过钱，慢慢退回门边，她的眼睛一直盯着这个刚刚被她征服的大人。小女孩离开后，叔叔坐在一只木箱上，盯着窗外看了足足10多分钟。怀着敬畏，他在沉思刚刚所经历的挑战。

达比先生也同样思索着。这是他长这么大以来首次目睹一个黑人小孩成功地征服了一个白人大人。她是怎么做到的？叔叔怎么会放下自己的强悍，反而变得像羊羔一般温顺？这个孩子究竟用了怎样独特的力量征服了她的主人？类似的问题不断涌入达比的脑中，直到数年后，当他告诉我这个故事时，说自己找到了答案。

神奇的是，作者正是在那座老磨坊里得知这次非同寻常的经历，而且恰巧位于达比叔叔遭受挑战的位置。同样神奇的是，我花了近25年去研究这项能力，一项使一位懵懂、未受教育的黑人小女孩征服一位聪明的白人成年人的能力。

当我们坐在那座发霉的旧磨坊里，达比先生再次讲述了这个独特的故事。故事末了，他问我："你是怎么理解的？那个小孩用了怎样神奇的力量，竟能完全征服我叔叔？"

答案能在这本书里描述的致富法则中找到。答案十分完整，它包含了充分的细节和解读，人人都能理解，并能运用这股相同的力量。

11

留心观察，你会发现那股救助那个小女孩的神奇力量，会粗略地出现在下一章里。

在这本书里，你会发现某个想法能提升你的感受力。这是一股难以抗拒的力量，由你掌控，为你带来益处。你可能读到第一章就能意识到这股力量，它可能在接下来的章节中闪入你的脑海。它可能以一个想法的形式出现，或者是一个方案、一个目标的形式。它带你重新回顾过去那些失败或受挫的经历，使你从挫折中重新找回曾丢失的一切经验与教训。

当我向达比先生讲述黑人小女孩不经意间使用的力量之后，他立马回忆起了自己30年的人寿保险推销经历。他毫不避讳地承认，他在保险业的成功在一定程度上归功于从小女孩身上所学的宝贵一课。

达比先生指出，每次当前路不明而保险又卖不出去的时候，他就会看到那个站在老磨坊门边的孩子，看到她那双闪烁着挑战之光的眼睛，然后告诉自己："我必须要把这单卖出去。"他卖出的最好的那些保单，都是在客户对他说"不"以后成功卖出的。

他也回忆起曾经距离金子三英尺而放弃的经历。他说："但那次的经历是因祸得福。它教会我不论前路多么艰辛，都要努力努力再努力，要成功就必须学好这堂课。"

达比先生和叔叔与黑人小孩、金矿的故事，毫无疑问将会被成百上千位人寿保险推销员读到。作者希望告诉你们，达比每年卖出百万保单业绩的背后，正是这两次经历教会他的能力。

生命是奇特的，而且往往难以测度！所有的成功与失败都与一些简单的经历相关。达比先生的经历稀松平常，却给了他命运的答案，所以这些经历同生命本身一样重要。他从这两次戏剧性的经历中获益匪浅，因为他认真总结并吸收了其中的经验教训。但是，那些既没有时间也不善于从失败中总结知识的人如何走向成功？这类人是在何处以及以何种方式掌握化挫折为机遇的艺术呢？

正是出于解答上述问题的目的，作者编写了本书。

这个答案需要对致富十三条法则进行描述。但请牢记，当你读到这些问题的答案时，它可能会激发你对生命奇特之处的思考，或者当你读到某个想法、计划和目标的时候，这个答案就会跳入脑中。

成功的要素之一便是拥有全面的想法。这本书描述的十三条法则包含了所有已知的最佳、最实用的答案，这些法则告诉你创造有效想法的方法和手段。

在我们进一步讨论这些法则之前，我相信你有权得到这个重要的建议……当财富准备到来的时候，它们数量惊人、动作迅速，你会好奇过去那些缺乏的岁月里，它们都藏在了哪儿。这句话令人震惊，但更发人深省的是，当我们仔细思索就会发现，财富只属于那些努力奋斗并坚持不懈的人。

当你开始"思考致富"，你会发现富人都是怀着一种心态开始的，这种心态下目标明确，但并不感到艰苦。你和身边的每个人，都应该花心思去了解怎样才能达到这样的心境，这种富人特有的心境。笔者耗时 25 年，分析了 25,000 多人，因为笔者自己也想知道富人如何达到这样的心境。

如果没有这项调研，作者根本无法创作出这本书。

现在请关注一个重要的真理：大萧条始于 1929 年，并持续成为有史以来最大的经济危机，直至罗斯福总统上任后一段时间，经济情况才有所好转。随后大萧条逐渐淡出，不复存在。当剧院的电工抬高光源，黑暗逐渐被驱散，在你还没有意识到的时候，光明已经来了。同样地，人们内心的恐慌也会逐渐消散，转化为信念。

请细心观察，一旦你掌握这些法则，遵循指示去应用它，你的经济状况就会开始改善，你接触的每件事都会开始转化为你的财富。看起来不可能吗？绝对不是！

人最大的弱点就是常人对"不可能"这个词想当然的理解。他知道所有不起作用的规则，知道所有不可能完成的事。这本书创作的目标读者是那些寻找他人成功秘诀、并愿意赌上一切去相信这些法则的人。

多年以前，我买了一本薄薄的字典。我做的第一件事就是从里面找到"不可能"这个词，然后把它从字典里裁掉。你要是想这么做，并非不明智。

成功只垂青那些充满成功意识的人。

失败总是光顾那些淡定地放任失败意识的人。

本书的宗旨就是帮助所有人学会一门艺术，它能把思维里的失败意识扭转为成功意识。

大多数人身上的另一个缺点就是凭自己的印象和想法去衡量每件事和每个人。有些人读到这本书，会依然坚持没有人能靠思考致富。他们没有财富思维，因为其思想早已被贫穷、困苦、不幸、失败和挫折所腐蚀。

这些不幸的人让我想起一位杰出的中国人，他来到美国接受西式的教育。他上了芝加哥大学。一天，哈珀（Harper）校长在校园里遇见了他，并和他交谈了一会儿，校长问到美国人身上有哪项特质最吸引他的注意。

这个中国人惊呼："哎呀！你们的眼神异样地偏斜。你们带有偏见！"

我们怎么说这个中国人好呢？

我们不愿相信那些自己不理解的东西，愚蠢地相信自身的局限是局限最合适的尺度。当然了，其他人的眼光是"偏的"，那是因为他们的眼睛跟我们的不一样。

数百万人目睹了亨利·福特的成就。他回来以后，人们羡慕他的财富、运气、才华，以及那些他们认为导致福特致富的一切要素。也许10万人中有一个人知道福特成功的秘诀，但他们太过谦虚，不情愿把它说出来，因为它太平常不过了。一笔交易完美地揭开了这个秘诀。

几年前，福特决定生产他著名的V-8汽车。他决定要将8个汽缸铸造成一个整体引擎，并命令他的工程师们设计这种引擎。设计师很快就在图纸上画了出来，但是工程师们一致认为，制造出一台8个气缸的引擎根本不可能。

福特指示："无论想什么办法，也要生产出来。"

工程师们回答："可是，这根本不可能！"

福特命令道："那就继续干！直到你们成功为止，不管需要多长时间。"

工程师们只好继续做下去，因为他们也没有其他事情可做。半年过去了，还是没有结果。又过去了半年，还是什么也没有。工程师们已经试了每一种可能的方案，但就是一无所获："这不可能！"

到了年底，福特检查工程师们的进展，他们再次告知福特没有办法完成任务。

福特说："那就再接着干！我想要的东西，就一定会得到它。"工程师们只好继续做下去，随后，像被施了魔法一般，他们解开了谜题。

福特的决断力再一次获胜！

笔者可能没有完全准确地描述这个故事，但是大致内容和要点绝对是正确的。如果想做到思考致富，可以的话，你应该从这个故事中总结出亿万富翁福特致富的秘诀。你不用高瞻远瞩。

亨利·福特之所以成功，是因为他理解并应用了成功法则。其中之一便是欲望：清楚自己想要什么。继续读本书，请你记住福特的故事，找出那些描述他卓越成就的秘诀的句子。如果能做到这点，如果你能在书中点出福特致富的那些法则，那你在任何一个适合自己的职业上都能取得和他同等的成就。

做自己命运的主宰，心灵的舵手

当诗人威廉·埃内斯特·亨利（William Ernest Henley）写下这些未卜先知的句子："我是自己命运的主人，是自己心灵的舵手。"他应告诉我们，每个人都能主宰自己的命运，掌控自己的内心，因为我们有能力调整自己的思想。

他应该告诉我们，在这颗小小的地球悬浮于其中的浩瀚宇宙中，我们的存在不过是一种能量形态，这种能量有着难以想象的高波动率。我们置身的宇宙充满了这种普遍的能量，它能顺应人们内心的想法，而且用自然的方式影响人们，将我们的思想转化为物质形态。

如果这位诗人早告诉我们这个伟大的真理，我们就能明白为什么自己是命运的主人，是心灵的舵手。

他应该告诉我们，并且强调这种能量没有毁灭性和建设性之分，既可以将贫困思维转化为现实的贫困，也可以将致富思维转化为积极的行动。

他还应当告诉我们，人们的大脑会被占主导的想法磁化，而且通过某种大家都不常见的方式，这种磁力会将各种力量、人和环境吸引到我们周围，与我们占主导的想法协调一致。

他还应该告诉我们，在我们能积累巨额财富之前，应当用强烈的致富欲望将大脑磁化，而且我们必须充满"金钱意识"，一直到致富的欲望激发我们制订出获取财富的明确计划。

但是，亨利是一位诗人，并不是哲学家，他诗意地表达一个伟大的真理并自得其乐，留给无数追随他的人们去解读字里行间的哲学意味。

这个真理正被一点点地揭开，就是本书所描述的法则，即人们经济命运的秘诀。

现在是时候检验第一项法则了。继续读下去，请你保持开放的心态，这些法则并非是任何人的妄想。它们从超过 500 位累积了巨额财富的成功人士的人生经历中总结得出：这些人出身贫苦，没受过多少教育，刚开始只是无名小卒。这些法则在他们身上发挥了作用。你可以应用它们，并将长期获益。

你会发现应用它们很简单，并不难。

开始阅读下一章之前，我希望你清楚，它所包含的真实信息可能会轻易改变你的经济命运，正如它给接下来两位人物带来惊人的变化一样。

亲爱的读者，我想告诉你这两个人和我自己的关系，我不会随意捏造这些事实。其中一个人，近 25 年来一直是我最亲密的朋友，另一个是我儿子。这两人将其所获的巨大成就都一致归功于下一章里描述的法则，这样更能合理解释我为什么反复强调这项法则的强大能力。

大约 15 年前，我在西弗吉尼亚州的塞勒姆学院的毕业典礼上做演讲。我大力强调了下一章里描述的那个法则，其中一位毕业生完全接受了它，并将其内化为自己的处世哲学。这个年轻人现任国会议员，并且身居要职。在这本书出版前，他写了一封信给我，他在信里清晰地陈述了自己关于那个法则的观点，这里公开他的信作为下一章的引言。它让你知道回报会是什么。

亲爱的拿破仑：

国会议员的工作经历教会了我洞察各类难题的能力。我写这封信是要提出一个建议，它可能对成千上万名可敬的人有帮助。

抱歉，我亲爱的朋友，我必须说出这个建议，如果人们采纳了它，对你而言，数年的努力和责任不会因此付诸东流，因为我知道你总是助人为乐。

1922年，你在塞勒姆学院的毕业典礼上做了演讲，那时我是其中一名毕业生。在那篇演讲中，你把一个想法深深植根于我的内心，正是因为它，我才得到了服务公众的机会，它也在很大程度上造就了我日后的成功。

扎根于我内心的这个建议被你写进了这本书里，它是你在塞勒姆学院演讲的全部和精髓。你的这本书给了全美人民机遇，你数年来对这些传奇人物的分析和你个人与他们的来往使人们获益，也使美国成为世界上最富强的国家。

仿佛就在昨天，当我回忆起你精彩地描述亨利·福特成功的方法，福特没有受过多少教育、出身寒微、没有人脉，可他却问鼎高峰。从那时起，在你没做完演讲之前，我就下定决心，不论将来会遇到多少难题，我都要为自己找到一席之地。

成千上万年轻人会在今年以及未来几年内完成学业，走进社会。他们每一个人都会去寻找一个实用的建议，就像你当年告诉我的一样。他们想知道在哪个地方转弯，该做些什么去迎接社会生活。你可以告诉他们，因为你已经成功地帮助不计其数的人解决了难题。

如果存在一个可行的方法，让你再次帮助人们，我的建议是在每一章里加入一张个人分析图表，这样这本书的读者就可以完全了解，多年前你告诉我的那个阻碍成功的原因。这对读者十分有利。

这项工作会给你的读者描绘一幅自我优缺点的客观、完整的图像，这对他们意味着如何区分成功与失败。这项工作会极其宝贵。

因为沮丧，数百万的人正面临着东山再起的难题。从自身经验出发，我知道这些可敬的人都十分乐意把他们的困难告诉你，也希望从你这里得到解决的方法。

你清楚这些人必须东山再起。全美今天有成千上万的人想知道他们该怎么样把想法转化为财富，这些人得白手起家，虽然身无分文但仍想弥补过往的损失。如果说有人能帮助他们的话，那就是你。

如果你出版了这本书，我想从出版社拿到一本由你亲笔签名的书。

祝好！

詹宁斯·伦道夫

第二章
欲望

致富的第一步

30多年前,当埃德温·巴恩斯在新泽西州奥兰治的货运车上跳下来的时候,他可能像个流浪汉,但却拥有着王者的思想!

他沿着铁轨一路辗转,来到托马斯·爱迪生的办公室时,他的大脑在运转。他看到了自己站在爱迪生面前。他听到了自己对爱迪生的请求,请求能拥有一个机会,去实践他毕生的痴迷——成为这位伟大发明家的合伙人的强烈欲望。

巴恩斯的欲望并非臆想,也并非幻想,它是一股热切而鲜活的欲望,它超越了一切,十分明确!

当他接近爱迪生的时候,这个欲望早已有之,一直以来主导着巴恩斯。

最初，当这个欲望首次出现在他脑海的时候，可能只是幻想，但是当他怀揣着它出现在爱迪生面前的时候，它就不仅仅是一个幻想了。

几年后，巴恩斯再次站在了爱迪生面前，就在初次见到这位发明家的同一间办公室。这次他的欲望已经转化为现实。他已经开始和爱迪生建立业务联系，主宰他一生的梦想已经实现。现在，认识巴恩斯的人都会羡慕他，因为这次的人生突破给他带来了大丰收。人们看到了成功得意时的巴恩斯，却没有深究他成功的原因。

巴恩斯成功，是因为他有确切的目标，并投入所有的精力、意志力、努力和其他一切去支撑这个目标。在他来到爱迪生办公室的那天，他并没有即刻成为爱迪生的合伙人。巴恩斯从最卑微的工作做起，但他仍十分满足，只要这份工作给他距离目标更进一步的机会。

5年过去了，机遇出现了。

在过去的几年里，他没能实现一丝希望，也没能满足一点点的欲望。对于其他人来说，他只是爱迪生事业的一颗小螺丝钉，但在他心里，自己自始至终都是爱迪生的合伙人，从来这儿工作的第一天起就是这样。

这个案例最佳地诠释了一个明确的欲望所产生的能量。巴恩斯实现了目标，因为他最想做的事，就是成为爱迪生的生意合伙人。为了达到这个目的，他制订了一个计划，同时截断了自己所有的退路。他坚守这个欲望，直至它成为毕生的痴迷——并最终成为现实。

当他抵达奥兰治的时候，他并没有对自己说："我得想法子让爱迪生给我一份像样的工作。"而是告诉自己："我就要见到爱迪生了，我要让他知道我们俩之间的合伙关系已经开始了。"

他没有说："我就先在那儿干几个月，如果没有得到赏识，就索性走人，去别的地方找份工作。"而是告诉他自己："我要从起点开始，做爱迪生指示的任何事情，但在我实现理想之前，我会从他的助手做起。"

他没有说："我会时刻关注别的机会，万一我没能从爱迪生的公司里得到我想要的。"却说："在这个世界，我下定决心想得到的东西只有一个，那就是成为托马斯·爱迪生的生意合伙人。我不会给自己留任何后路，我会押上整个未来，用尽全力去得到它。"

他截断所有退路。不成功，便成仁！这便是巴恩斯成功的故事！

很久以前，一位伟大的勇士面临的形势令他必须做出确保战场胜利的决定。他意欲派出军队与强大的敌人作战，但当时敌众我寡。他命令士兵上了船，驶向敌国，抵岸后便下令烧毁这些船。在第一场战役打响之前，他对战士们说："你们都看到了滚滚浓烟的船。这意味着我们只能打胜仗，才能活着离开！我们现在别无选择——不成功，便成仁！"

任何成就一番伟业的人都有破釜沉舟的毅力和勇气！只有如此，他们才能保持强烈的必胜欲望，这对成功至关重要。

芝加哥火灾后的早晨，一群商人站在街上，看着自己的店铺化为灰烬。他们召集会议，商讨是否重建，或离开芝加哥，去一个充满希望的地方东山再起。他们一致决定——离开芝加哥，除了一个人。

这位决定留下并重建家园的商人，手指向那沦为废墟的店铺，对其他人说："诸位，我会在那块地上建起世界上最大的商店，不管它还会被烧毁多少次。"

这发生在50多年前。商店重建了，它迄今仍在那儿，成为一座高耸的丰碑，象征着强烈欲望所带来的能量。马歇尔·菲尔德最容易做的事就是和其他商人一同撤退。当现况坎坷、前途未卜的时候，他们中途放弃，到了看似更容易生活的地方。

请牢牢记住马歇尔·菲尔德和其他商人的不同，因为这个不同使埃德温·巴恩斯在爱迪生公司的年轻人中脱颖而出。这个不同几乎区分出了胜者和败者。

到了一定年纪，理解金钱意义的每个人都幻想拥有它。幻想并不能致富。但是当渴望致富的心态成为一种痴迷，然后规划明确的方法和手段去获取财富，随后持之以恒地坚持这些计划，这样便不会有挫败感，最终必将致富。

欲望转化为物质财富的方法，主要包含六大明确、实际的步骤：

第一步，确定头脑中想得到的具体金额。仅仅说"我想得到很多钱"是不够的，必须明确具体的数额（在下一章里，将讲到确定性的心理原因）。

第二步，为了获得想要的金额，明确你具体能付出多少（天下没有白吃的午餐）。

第三步，设定一个具体日期，在那天你会得到全部想要的金额。

第四步，制订一个实现欲望的确定计划，无论你是否准备好，都应当立即付诸实践。

第五步，在纸上写下一段清晰简短的陈述，包括：你想得到的具体金额，规定的时间截止点、怎样努力去得到它，以及你实现这个目标财富的清晰规划。

第六步，大声读出你写的这段话，每天朗读两遍，睡前读一遍，起床后一遍。当你朗读的时候，体会、感觉并且相信自己为得到这笔财富，已经做足了准备。

遵循上述六大步骤的指导十分重要。遵循并按照第六步去做，对你尤其重要。你可能会抱怨，觉得在真正得到这些钱之前，是不可能"看到自己拥有了它"。这时，一股强烈的欲望就会帮助你。如果你真的十分热切地想要财富，并且痴迷于此，那你就能轻易说服自己将会得到它。目的在于想要得到财富，进而下定决心去得到并说服自己会拥有它。

只有那些具有"金钱意识"的人才能最终积累财富。"金钱意识"意味着你脑子里充满了想得到钱的欲望。你仿佛能看到自己已经拥有了它。

对于那些缺乏经验，不了解大脑的工作原理的人而言，上述这些指导可能看似不实用。要知道这六大步骤的实践来自于安德鲁·卡内基，一位钢厂里普通工人出身的人，尽管他出身卑微，但他成功地运用这些法则收获了远远多于百万美元的财富。

你可能更想知道，这六大步骤受到了已故发明家爱迪生的仔细验证，他认可了它们，并认为其不仅仅是积累财富的关键步骤，还是实现既定目标的必要条件。

这些步骤并不需要"苦干"，也不需要牺牲。它们不要求你变得荒唐或是轻信他人。运用它们不需要接受大量教育，但成功地运用这六大步骤需要足够的想象力，你要去体会、了解财富的累积不是靠概率和运气。你必须清楚所有成功致富的人，在得到财富之前，首先要做的是有足够的梦想、希望、幻想、欲望和规划。

你还要清楚，你永远无法拥有巨额的财富，除非你对金钱的欲望白热化，而且你确信自己会拥有它。

你最好清楚，在文明发展演变进程中，每一位伟大的领袖都是梦想家。基督教是当今世界上最有潜力的一股力量，因为其创始人是一位热情的梦想家，他的远见和想象力能洞察到精神在转变为物质形态之前的现实。如果你在想象中都看不到大笔的财富，那你更不可能在自己的银行账户里看到它。

在美国的历史上，迄今还没有一个时期像现在这样，提供给实际派梦想家如此大的机遇。六年的经济衰退已经将所有人从实质上降到同一水准了。新的比赛即将打响。在下一个10年里，你将会累积财富。比赛规则已经改变，因为我们身处一个全新的世界，它青睐那些在大萧条时期没有机会的人，那个时期的增长和发展因恐惧而中断。

我们这些追逐财富的人都应当去了解，这个全新的世界要求新的想法、新的做事方式、新的领导者、新的发明创造、新的教学方法、新的推销方式、新的书、新的文学、新性能的收音机、新的电影理念。追求这些全新且更好的事物，人必须拥有获胜的品质，那就是目标的明确性，知道自己想要什么，并且拥有想得到它的强烈欲望。

经济萧条标志着一个时代的终结和另一个时代的开启。这个新的时代需要实干型的梦想家去践行梦想。实干派梦想家过去一直而且以后也将是文明的缔造者。

想要累积财富的你，应该牢记世界的真领袖永远都是那些探索未知机遇的人，他们将无形的能量运用到实践，并把这些能量（或者妙想、梦想）转化为一幢幢摩天大楼、一座座城市、一家家工厂、一架架飞机、一辆辆汽车，以及那些让生活变得更加舒适便利的物品。

宽容和开放的心态都是当今梦想家的必需品。那些害怕新想法的人在没开始前就注定失败了。从没有一个时代像现在这样有利于开创者。诚然，这不是敞篷马车的那个年代，有荒野模糊的西部等待被征服；如今的世界有一个广袤的商业、金融和工业，它将会沿着全新且更佳的脉络进行重塑和重新定位。

在规划致富的时候，不要受任何人的影响而轻视梦想。为了赢得这个全新世界中自己的位置，你应该学习过去那些伟大的开创者的精神，他们的梦想都奉献给了人类文明，这种精神是我们民族的血液——你必须抓住机遇来施展自己的才华。

请不要忘记，哥伦布曾梦想过一个未知的世界，他赌上自己的一生去寻找这片大陆，最后他找到了！

哥白尼，这位伟大的天文学家，曾梦想过多元的世界，并最终发现了它！哥白尼取得成就后，没有人指责他不切实际。相反，他为世人所崇拜，这再次印证了"成功不需要致歉，失败不容许借口"。

如果你想做的事情是正确的，那就请坚信，并勇往直前！如果你暂时受挫，不要在意别人说的话，因为别人可能根本不明白失败是成功之母的道理。

亨利·福特出身寒微而且学历很低，怀揣制造一辆不需要马的交通工具的梦想，鼓足劲头研究其所痴迷的机械，而非坐等机会的垂青。如今他的梦想成真，而且梦想的成果布满了整个地球。

他操控的轮子的数量，比任何人都要多，因为他不惜一切地支撑自己的梦想。

托马斯·爱迪生，怀揣制造电能发光灯的梦想，尽管历经上万次失败，他仍然坚守梦想，直至最终成功。实干派梦想家从不言弃！

伟伦怀揣拥有连锁雪茄商店的梦想，身体力行，现在联合雪茄商店占据了全美最佳的地段。

林肯怀揣解放黑人的梦想，将梦想化为现实，他差一点就能活着见到统一的南方和北方，见证梦想成真。

莱特兄弟梦想一台能在天空中飞翔的机器。如今全世界的人都见证了他们的梦想。

马可尼梦想能设计一套无线系统。事实证明他不是在做白日梦,现在全世界的无线电和收音机都是他梦想的见证。马可尼的梦想将平民的住宅和最庄严的府邸连在了一起,使地球上各个民族的人们都成为彼此的邻居。

这个系统给了美国总统一种媒介,让他能够在短时间内与全美所有人民对话。你可能会感兴趣,当马可尼宣布自己发现通过空气传递信息的原理,而且不用借助有线或其他物理通信,他的"朋友们"将其禁闭,还把他送到一家精神病院。比起马可尼,当今梦想家的境况可是好太多了。

如今的世界对新发现已经习以为常了。它甚至显示出意愿,要奖励那些提出新想法的梦想家。

"最伟大的成就,刚开始以及在一段时间内,就只是一个梦想。"

"橡树在种子里熟睡,鸟儿在蛋中等待破壳,在灵魂最高的愿景中,一个苏醒的天使蠢蠢欲动。梦想是现实的种子。"

世界的梦想家们,醒一醒,起来吧,然后大声表达。你的运势正在上升,世界的萧条给你带来了一直守望的契机。它教给人们谦逊、包容和开放的心态。

当今的世界充满机遇,这是过去的梦想家不曾遇到的。

梦想家腾飞的起点就是一股敢想敢做的强烈欲望。漠然、懒惰和安于现状不会孕育出梦想。

如今的世界不再藐视梦想家,也不再认为他不切实际。如果你认为不是这样,那就去田纳西州看看吧,去见证一位梦想家总统如何成功治理了田纳西河,并利用其丰富的水能造福全美人民。20年前,这样的梦想可能被视为疯狂。

你失望过,你在大萧条时期遭受过挫败,你感受到心碎的难过。振奋起来,这些经历不过磨炼了你的内心——它们的价值无可比拟。

也请记住，生命中所有成功的人都遇到过糟糕的开端，在他们抵达目的地之前都饱尝过许多令人心碎的艰辛。成功人士的人生转折点通常出现在某些危机时刻，度过危机后他们发现了全新的自我。

由于约翰·班扬对宗教的个人见解，他被关押入狱并遭受了残酷的刑罚，但他后来创作了《天路历程》这本在英语文学中堪称最佳的著作。

欧·亨利遭受过极大的不幸，还曾被关押在俄亥俄州的监狱里，但他后来发现了沉睡在脑中已久的天赋。不幸迫使他发现了另一个自我，他发挥想象力，成为一名伟大的作家而不是一名可悲的罪犯和流浪汉。生活往往就是如此奇特与多样，人类无穷的智慧也是如此奇特。人们进一步开发大脑之前会被迫遭受各种惩罚，但智慧帮助他们发现自己的潜力和运用想象力创造实用的想法。

爱迪生，这位世界上最伟大的发明家和科学家，曾经只是一名电话接线员，他失败了无数次才最终发现大脑里一直沉睡的天赋。查尔斯·狄更斯从为涂料罐贴标签起步。初恋的悲剧触碰了他的内心最深处，成就了他作为世界上名副其实最伟大的作家，为我们带来了他的首部小说《大卫·科波菲尔德》，随后是接二连三的著作，给读者打造了一个更富有、更美好的书中世界。在爱情上失意，男人通常会借酒消愁，而女人则会走向毁灭；这是因为大多数人都没有学会将强烈的情感转化为成就梦想的艺术。

海伦·凯勒出生后不久便丧失听力、视力和说话能力。尽管遭受如此不幸，她仍然在伟人历史册上写下了自己的名字。她的一生都证明：无人能被打败，除非接受失败。

罗伯特·彭斯曾是一名未受过教育的乡下小伙。他出身贫寒，长大后还成了醉鬼。后来他生活的世界变好了，因为他用诗歌装饰了美好的想法，拔出了人们思想上的荆棘，种上了玫瑰。

布克·华盛顿出身黑奴，深受种族和肤色的困扰，但他在任何时候都对一切事情保持宽容和开放的心态。他曾是一位梦想家，他给整个黑人族群留下了宝贵遗产。

贝多芬是聋子，弥尔顿是瞎子，但是他们的名字流芳百世，因为他们都有自己的梦想，并将梦想转变为系统的思想。

进入下一章之前，请再次在脑海里重温希望、信念、勇气和宽容。如果你拥有了这些，以及应用上述法则，当你准备好了，所有你想得到的东西都会向你靠拢。爱默生曾说道："每句格言、每本书、每句谚语，这些属于你，它们定会经由开放蜿蜒的通道过来帮助你、安慰你。"

希望获得一样东西，与准备好接受这样东西，这两者之间是有差别的。一个人除非相信自己能得到一样东西，他才能做好准备接受它。他必须要有一种信念，而不仅是希望与祈求。为了接纳信念，虚怀若谷是必要的，封闭的心胸无法鼓舞信仰、勇气和信念。

请牢记：志存高远、追求富足与成功所需要的艰辛，决不会比接受悲惨与贫穷付出的艰辛更多。一位伟大的诗人通过诗句准确地表达了这个普遍真理：

> 我向生活索取一个铜板，
> 生活多一个也不肯给，
> 无论我在黑夜如何乞求，
> 我不过收入惨淡。

> 生活是一位公平的雇主，
> 他给你所想要，

一旦你定了工价，

你就得干这份活。

虽然我干的是粗活，

却也发现，

对生活的任何索求，

生活都一五一十兑现。

欲望胜过自然的力量

作为本章的高潮部分，我接下来要介绍一位我所认识的人里最不寻常的人。24 年前，当他呱呱坠地，我初次见到了他。他降临到这个世界，却没有任何物理迹象表明他有耳朵。医生在被迫写下意见时，承认这个孩子可能一辈子又聋又哑。

我不相信医生的说法，我有这项权利，因为我是孩子的父亲。我做出了一个决定，有了一个想法，但我只是在内心悄悄地埋下这个想法。我下定决心让儿子能听能说。上天给了我一个没有双耳的孩子，但它无法令我接受苦痛的现实。

我心里清楚儿子能说话也能听到，但怎么做到？我当时坚信一定有方法，而且我会找到它。我想到不朽的爱默生的箴言："所有的一切教会我们信念。我们只需要遵守。每个人心里都有指引，慢慢地聆听，必然会听到那个正确的词。"

正确的词？欲望！我无比强烈地渴望我的儿子不成为聋哑人。这个欲望一分一秒也没有消退过。

多年前，我曾写道："对我唯一的限制是自己的内心。"我第一次怀疑这句话是否正确。躺在我前面的是一个新生儿，先天没有双耳。即便他将来能听、能说，也只能一生背负这副容貌。显然婴儿自己并没有在内心设定这个限制。

我能做些什么？我怎么着也得想办法把内心强烈的欲望灌输到孩子心里；而且找到方法在他没有双耳的情况下，把声音传到他脑子里。

当孩子大到能配合我的时候，我立马向他灌输去听的强烈欲望，上天也会用自己的方法，把这个欲望变成现实。

我的脑子里充满了这些想法，但没跟任何人说。每一天我都要提醒自己许下的承诺，那就是不让儿子成为聋哑人。

当他逐渐长大、开始注意身边的事物时，我发现他拥有轻微的听力。当他到了开口说话的年纪，他并不去学说话，但我能够从他的行为中发现他能稍微听到某些声音。这些便足够了！我坚信只要他能听到，哪怕很轻微，也能帮助他开发出听力。后来发生的事情给了我希望，这件事完全出乎我的意料。

我们买了一台留声机。当儿子第一次听到音乐的时候，他异常兴奋，立马占着留声机不放。他表现出对某些录音的偏爱，如"去蒂珀雷里长路漫漫"。有一次，他一遍又一遍播放这首录音，几乎放了两小时，他站在留声机前面，用牙齿紧紧咬住留声机的外缘。几年后，我们才明白这种无师自通行为的意义，因为那时我们还未听说过"骨传导"声音的原理。

他独占留声机不久后，我发现当我的嘴唇碰到他的头盖骨下方的乳突骨时，他能很清楚地听到我说的话。这些发现都是靠这台留声机获得，而且通过它，我把帮助儿子开发听力和言语能力的强烈欲望转化为现实。那时他已经试着说一些词儿了。这一势头远不止是鼓励，靠信念支撑的欲望清楚没有什么是不可能的。

当我下定决心让儿子听清我的声音时，我立即开始灌输给他听说的欲望。我随后发现儿子喜欢听睡前故事，于是开始创作那些特别的故事，去培养他的自立和想象力，以及能像正常人一样听的强烈欲望。

其中发生了一个独特的故事，我每次在讲时，都要加入一点新的戏剧性的色彩，以示强调。我编讲这个故事的目的，是要在他的心中培植出一种思想，告诉他缺陷并不是一种负担，而是一笔无价的财富。尽管我所阅读过的哲学书中，都明白地指出每种缺陷都带有对等优势的种子，但是我必须承认，我当时根本不知道如何将这种缺陷变成财富。但是，我仍然坚持在睡前故事的时间给儿子灌输哲学思想，希望有一天他能找到方法，把自己的残疾转化为优势。

理性告诉我，没有什么能完全弥补缺失双耳和听力。信念支撑着欲望，把理性退开一边，鼓励我继续前行。

我通过反思清楚地了解到，儿子对我的信心跟方法运用的结果息息相关。他从不质疑我对他说的任何话。我告诉他，他比哥哥有特别的优势，而这种优势反映在很多方面。比方说，学校里的老师了解到他先天双耳缺失，因此会特别关心他，也会对他特别好。对此他的母亲十分了解，通过拜访老师并与老师沟通为儿子争取更多的关注。我还告诉他，长大后可以去卖报纸（哥哥已成为一名卖报商），他会比哥哥更有优势，因为人们看见他虽然双耳缺失，却是一个聪明勤快的孩子，在买他的报纸时自然会给他一些额外的小费。

我们注意到，儿子的听力逐渐在提高，而且，他并没有表现出一丝在意自己缺陷的倾向。当他 7 岁的时候，他证明了我们开发其心智的方法富有成效。好几个月来，他都央求出去卖报纸，他母亲并不同意。她担心失聪的儿子独自上街不安全。

最后，他自己行动起来。一天下午，只有他和仆人在家，他爬上了厨房的窗户，再慢慢爬到地面，自己溜了出去。他从邻居鞋匠那儿借了6分钱，买了报纸，然后又卖出去，接着又买进报纸，然后又卖出，这样来回买进卖出，直到晚上。他算了算账，然后把借来的6分钱还了，足足盈利42美分。那晚我和妻子到家后，发现他在床上睡着了，手里还紧紧攥着挣来的钱。

妻子松开儿子的手，把硬币拿出来，然后哭了。所有一切！她为儿子第一次胜利而哭泣，尽管他违抗了母亲，我的反应却相反。我开怀地大笑，因为我知道自己在儿子内心植根信念的努力成功了。

妻子看到的是一个先天听力有缺陷的小男孩，在他第一次创业的经历中，独自上街，冒着生命危险去挣钱。我看到的却是一个勇敢、有抱负、充满自信的小商人。他对自己的信心已经倍增，因为他靠自己的行动做起生意，并且成功了。这件事令我欣慰，因为我知道儿子已证明了自己的智慧将伴随他的一生。后来的事情证明这千真万确。当他哥哥想要一个东西时，他会躺在地板上，胡乱踢腿，哭着要它。当这个"聋子小男孩"想得到什么时，他就会想办法挣钱，然后自己去买。他现在仍然遵循这个法则！

诚然，儿子教会了我：残疾也能成为自己实现目标的铺路石，只要它不被视为障碍或者借口。

这个聋子小孩在无法听到老师讲话，只有当他们靠近他并且大声说话的情况下，顺利地念完了小学、高中和大学。他并没有去上特殊学校。我和妻子决不允许他去学手语。我们下定决心让他过正常人的生活，和正常的孩子交往，我们坚定这个信念，尽管它曾令我们陷入与校方的多次交锋。

他在读高中时，曾试过电子助听器，但是没有什么帮助；因为我们相信一个事实，就是儿子6岁那年，当芝加哥的威尔逊医生给儿子的大脑做手术时，发现根本不存在听力器官的迹象。

他在大学学习的最后一周（手术后18年）经历了一件事，这件事也是他一生中最重要的转折点。一次偶然的机会，他又得到了一只电子助听器，那是别人送给他试用的。因为对之前那只助听器的失望，他对试用并不热心。后来他拿起这个助听器，漫不经心地套在头上，接上电池，天哪！好像魔术似的，他毕生渴求正常听力的欲望成真了！这是他第一次像正常人一样去听声音。"上天以神奇的方式主宰着人类，他的奇迹终会发生。"

这只助听器改变了他的世界，大喜过望下，他急忙跑到电话前给母亲打电话，而且完全能听清她的声音。第二天他听清了教授们讲课的声音，长这么大的第一次！以前只有当别人近距离大声喊时，他才能听到。他现在能听到收音机，也能听到电影的对白。他生平第一次做到与他人自由交谈，并且不需要对方刻意大声地说话。真的，他的世界从此改变了。我们曾拒绝接受上天的错误，而且通过持久的欲望，利用唯一可行的手段，促使上天改正了错误。

欲望已开始偿还红利了，可是胜利还远未到来。儿子还需要找到一条切实可行的路把自己的残疾变为对等的财富。

儿子还没有意识到自己已有成就的意义，而是陶醉在发现全新的有声世界的愉悦里。他给助听器制造商写了一封信，激情澎湃地叙述了他的经历。这封信里蕴含的某种东西而不是写下的字句感染了这家公司，公司邀请他去纽约。他到纽约后，有人陪他参观工厂，他边走边和总工程师聊天，告诉他自己的新世界、某种预感、一个念头，或一种灵感——你称它什么都可以——闪过他的心头。正是这个灵感令他将自己的缺陷转化为财富，带给他的红利不仅是金钱，还有后来千百万人的快乐。

这个灵感的实质和内容是这样的：他突然想到，如果能找到一种方法，将自己发现新世界的故事告诉生活中没有助听器的几百万同他一样遭遇的人,也许能对他们有所帮助。他当场下定决心将余生投入到为听力障碍服务的事业里。

他花费整整一个月的时间开展了集中研究,期间分析了这家助听器制造商的整个市场推销体系,并设计了与全世界各地耳聋人们的沟通方式,从而和他们分享自己新发现的"有声世界"。这项工作完成后,他在研究发现的基础上,草拟了一个两年计划。当他向公司提出这项计划的时候,也随即获得了一份能真正施展抱负的工作。

当儿子去工作的时候,他没有想到自己将给千百万耳聋的人们带来希望和实际帮助,这些人们如果没有他的帮助,将永远无法听到声音。

儿子与助听器制造商接洽后不久,就邀请我参加他公司举办的一个培训班,这个班致力于教会聋哑人听和说。我从来没有听说过这种形式的教育,所以我旁听了课,虽然怀疑却也希望我的时间不会白白浪费。在那儿我看到了一个演示,它令我回想起自己为了激发和保持儿子内心的欲望而付出的努力。我真实地看到通过运用曾经采用的类似方法,聋哑人学会去听和说。而在20多年前,我想出这个方法正是为了防止儿子成为聋哑人。

因此,通过扭转命运之轮,儿子布莱尔和我注定要帮助日后的聋哑人。据我所知,迄今只有我们父子用事实证明,聋哑症能矫正到恢复正常生活的程度。这在我儿子身上成功了,在其他人身上也成功了。

我内心十分清楚,如果妻子和我没有努力去塑造他的思想,那么我们的儿子终其一生只会是个普通的聋哑者。几周前,沃利斯,在聋哑症方面著名的专科医生给布莱尔做了检查。当他知道我儿子现在能听、能说的时候,他十分惊奇。他说检查表明:"理论上,这个孩子根本不可能听到声。"可这个小伙子的确听到了,尽管 X 光片显示他的双耳到大脑之间的头骨仍没有打开。

当我在他心里培植能听、能讲、能和正常人一般生活的欲望时，这种欲望给予他一种奇妙的影响力，这种影响力使上天成为一座桥梁，而且通过某种医学专家无法解释的手段，为他大脑与外面世界之间那条寂然无声的鸿沟架起了桥梁。如果我仅仅是设想上天如何实现这个奇迹，这是亵渎。如果我忽略了告诉世界我在这次奇妙的经历中了解的部分，这是不可原谅的。这是我的职责，也是一种荣誉告诉大家，我并非毫无理由地相信，对于内心充满持久信念支撑的欲望的人而言，一切皆有可能。

诚然，把强烈的欲望变为现实的路程是曲折的。布莱尔的欲望是能获得正常的听觉，现在他真的拥有了！他先天的缺陷本来会令其欲望不过是拿着一罐铅笔和锡制笔筒去街上售卖。如今，他的残疾已经成为服务数百万患有听力缺陷的人的媒介，而且也带来余生富足的经济补偿。

在儿子小时候，为了使他相信缺陷将成为一笔可以累积的财富，我在他心中植入了一个"善意的谎言"，这个谎言的确是有道理的。诚然，信心结合强烈的欲望，不管什么事情，对或是错，都能实现。所有人都能免费拥有这些品质。

我见过很多存在个人问题的男人女人，但从未接触过像这个案例一样如此确切地彰显欲望的能量。作家有时候会犯一个错误，就是描写一些很肤浅或者很初级的主题。幸运的是，我能有幸通过我儿子的苦难经历去验证欲望的能量。或许这个经历来得恰到好处，因为绝对没有人能像他一样做好检测自己欲望的准备。如果自然的力量向欲望的意志屈服，那么是否可以得出，渺小的人类也能将强烈的欲望转变为现实？

人类心智的能量奇特又无法衡量！我们不理解它在能力范围内如何利用每个场景、每个个体、每件事物来将欲望转化为现实。或许科学会揭开这个谜底。

我在儿子的内心培植了像正常人一样去听去说的强烈欲望。这个欲望如今已成为现实。我还给他灌输了一个欲望：把最大的劣势转化为最大的财富。这个欲望也已实现。实现这个惊人结果的方法根本不难描述。它包含三个确切现实：（1）我把信念和渴求正常听力的欲望融合，将欲望灌输给儿子；（2）我用所有可行的方式将欲望传达给儿子，并且数年来坚持不懈地努力；（3）他相信我！

这一章临近尾声之际，我听闻著名女高音舒曼女士辞世的消息。这篇新闻中一小段话隐含了这位传奇女高音成功的原因。我引用这段话，是因为它暗含的主题就是欲望：

在舒曼女士事业的早期，她曾拜访过维也纳歌剧院的主管，并请他测试自己的声音。但是，剧院主管并没有这么做。他打量了一下这个衣着寒酸且粗陋的女孩，语气里没有一丝温和，大声地对她说："你长成这样，穿成这样，没有任何特色，你还妄想在歌剧界成功？孩子，放弃这个想法吧。去买台缝纫机，然后做女红去吧。你永远也不可能成为歌唱家。"

"永远"是一段多么长的时间！维也纳歌剧院的主管的确知道很多歌唱的技巧。但他根本不了解欲望的力量，尤其是当欲望成为毕生的痴迷。如果他了解这股力量，他绝对不会犯下贬低这位歌唱天才而且不给她机会的错误。

几年前，我的一位生意合伙人生病了。他的身体境况愈来愈糟糕，最后被送到医院做手术。就在他坐在轮椅上、要被推入手术室之前，我看着他，想着这副瘦弱憔悴的身躯怎么可能平安度过这样一次大手术。医生提醒我，他活下来的机会微乎其微。可这只是医生的观点，不是病人的想法。就在他被推走之前，他在我耳边微弱地说："老大，别担心，再过几天我就能离开这儿。"照顾他的护士同情地看了看我。可病人的确平安地挺过了手术。手术结束后，他的主治医师说："是欲望救了他。如果不是他拒不接受死亡的可能，那么绝不可能度过这一关。"

我坚信信念支撑的欲望的力量，因为我亲眼见证了这股力量将出身卑微的人抬升到金钱与权力的位置；我见证了它令濒临生死边缘的人活了过来；我见证了它支撑着被击败数百次的人东山再起；我见证了它还给我儿子一个正常、幸福和成功的生活，尽管他出生时双耳缺失。

那么人们如何开发和利用欲望的能量呢？在这里以及接下来的几章都会回答这个问题。这条讯息将会在全美这场持续时间最长、破坏性最严峻的大萧条的末期传遍开来。我们可以合理地预测，这条讯息将会受到被大萧条重击的人们的关注。大萧条使他们一无所有，有人丢了财，有人丢了工作，而许多人将会重新规划自己的未来并且东山再起。我想告诉他们，一切成就，不论其实质和目的是什么，都是起步于一股确切的、强烈的欲望。

上天从未泄露过奇特、强大的"精神化学"原理，不过以强烈的欲望冲动作为包装，这股欲望不承认"不可能"这类词，也从不接受"失败"的现实。

第三章
信念

致富第二步

信念是心灵的首席炼金士。当信念与思想共鸣，潜意识便会感应这种共鸣，并把它转化为精神的对等物，传输给至高无上者，就像祈祷那样。

信念、爱和性是所有积极情绪里最有能量的三大情感。当它们融合的时候，就能达到给思想感应"配色"的效果，并立即抵达潜意识，在那儿转化为精神的对等物，这是从无穷智慧处得到回应的唯一形式。

爱和信念都是通灵的，和人的精神相连。性爱是完全生理上的，只和人的身体相关。这三种情感的融合或者结合能打通一条直接的沟通线路，连接人的有限思想和无穷智慧。

怎样培养信念

接下来的一句话可以帮助你更好地理解自我暗示将欲望转化为财富的重要性，即：信念是一种心态，自我暗示原理可以让潜意识通过确定或者重复指示来激发并创造信念。

打个比方，想一想你读这本书的目的。当然，目的是为了得到把无形的欲望化为财富的能力。如果你遵循了书中关于自我暗示的几章内容，你会在潜意识里坚信得到自己想要的，然后这种潜意识会筑成信念，接下来你便会为获得所渴求的东西而制订出明确的计划。

根本不存在什么产生信念的方法，而且这也难以描述，就像给从未见过颜色的瞎子描述红色一般困难，你根本无法找到一个参照物。信念是一种心态，当你掌握十三条法则后，可以随意地培养信念，因为它是一种伴随这些法则的应用而自发产生的心境。

向你的潜意识一遍遍地确认，这是自发形成并发展信念的唯一已知方法。

或许我来解释一下有些人如何沦为罪犯，这样你更能理解上面这句话。一位著名的犯罪学家曾说过："当人们初次接触罪恶时，他们是抵触的。可是当人在一段时间内保持与罪恶的接触，他们就会习惯，甚至能够忍受它。如果他们长时间如此，最终就会完全接受它，并深受其毒害。"

同理，如果在潜意识里反复强化某个想法，那么你的潜意识最终会接受它，并受它支配开展行动，接下来这个想法会通过最可行的步骤逐渐转化为现实。

还有一句话也与其相关："所有被情感化而且与信念融合的思想，会立即开始转化为现实中的对等物。"

这些情感，或者思想的"感知"部分，给予思想以活力、生机和行动。信念、爱和性爱的情感，一旦与任何思想相融合，所产生的行动力会远远超过任何一种情感。

不仅思想的冲动和信念相融合能产生影响，这些思想，不论是与积极的情感融合，还是与消极的情感融合，都会抵达潜意识并影响它。

从这句话里不难发现，潜意识能把消极或破坏性的思想转化为对应的物质，正如积极或建设性的思想。芸芸众生都体验过这些奇妙的现象，我们称之为"不幸"或"厄运"。

上百万的人深信自己注定贫苦、失败，其原因在于他们深信自己无法掌控某种力量。他们造成了自己的不幸，因为这个消极的信念是潜意识所选，并被外在化。

这里再提醒读者，如果你怀抱一种能实现欲望的信念，并将其传至潜意识，那么任何欲望都能转化为财富。你的信仰/信念是决定你潜意识如何行动的因素。当你通过自我暗示做出指示，就像我灌输给儿子的潜意识那样，那么没有什么能阻碍你对大脑的"善意欺骗"。

为了使这种"欺骗感"更加真实，当你追溯自己的潜意识的时候，尽量说服自己，你将会得到所想要的物质财富，潜意识会通过最直接、最实用的媒介，执行任何传递给信仰/信念的指令，并且将其转化为物质财富。

如果一开始就进行实践，你就能获得把潜意识的命令与信念融合的能力。熟能生巧，仅仅阅读书里的指示是远远不够的。一个人潜意识里产生了罪恶，那他可能会逐渐沦为一个罪犯，那么同样地，通过向潜意识灌输自己的信念，这样你的内心最终会被这些影响潜移默化。明白了这个道理，你就会理解让积极的情感主导自己的内心并且抵制、去除消极的情感是多么重要。积极情感主导的内心会成为心境的有利住所，那就是信念。这样的内心可以随意给潜意识下达指示，而且潜意识会立即接受并展开行动。

信念是一种心态

自古以来，宗教家都劝告在人间挣扎的芸芸众生"要有信念"，但他们没有告诉人们如何才能拥有信念。他们没有说明"信念是一种心境，它能被自我暗示激发"。

用普通大众都能理解的语言来描述信念从无到有的原理：

对自己保持信念；对无限的可能保持信念。

在我们开始之前，请再次牢记：

信念是"永恒的灵丹妙药"，它赋予生命力量和行动力。

上述这句话值得反复去读，值得大声去读！

信念是所有财富累积的起点！

信念是所有"奇迹"以及一切无法用科学解释的神奇产生的基础！

信念是失败唯一的解药！

信念是一种元素、一种化学成分，当它和祈祷混合，能打开与无穷智慧直接沟通的大门。

信念是一种元素、它能把人类有限思维创造的普通想法转化为心灵的对等物。

信念是唯一的介质，通过它人类能开发和利用无穷智慧的巨大能量。每个人都能证明上述观点！

证据简单而且能够轻易地演示出来，它就藏于自我暗示的原理中。读者们，请高度关注自我暗示这个主题，搞清楚它是什么以及它能做什么。

众所周知，当人们被反复灌输一句话，不论它是对是错，最终都会相信它。当人一次又一次地重复某个谎言，他最终就会接受它。更糟的是，他会相信这个谎言是事实。每个人都能成为自己想变成的样子，因为人可以自己选择占据心灵的主导思想。

当人们有意识地选择在内心植入某些想法，内心出于对这些想法的怜悯，就会将这些想法和更多的情感融合，形成一股动力，这些动力将指导并掌控人的每一个举动、行为和成绩。

接下来这句话，诠释了一个重要的真理：

任何思想，一旦与某种感觉和情感相融合，就会形成一股磁力，吸引相同、相似或者相关的思想。

一种被情感磁化的思想就好比一粒种子，如果用来栽培的土壤肥沃，它就会发芽、生长而且繁荣结果，直至这粒最初小小的种子成为数百万粒带有相同基因的种子！

宇宙是一团永恒运动中的巨大的物质。它既有毁灭性的运动，也有建设性的运动；既带来恐惧、贫穷、疾病、失败和不幸，又带给人们繁荣、健康、成功和幸福。就像无线电传播数百种管弦乐器的声音，而每一种声音都保持其独特的个性和身份。

在宇宙巨大的仓储室里，人类的心灵总会与那些和谐的元素产生共鸣。人内心的任何思想、主意、计划和目的都会从宇宙中吸收能量，从而增强自己，并且逐步地壮大，最后主导并激励主人。

让我们回到起点，现在我们已经清楚如何在内心埋下一粒蕴含想法、计划和目标的种子。道理已经很清楚了，就是通过反复强化，这样任何想法、计划和目标都能深深植根于内心。这就是为什么之前我让你们写下自己最大的目标，或者称之为"确切的首要目标"。努力记住它，一遍遍朗读它，每天都坚持这么做，直到这些声音抵达你的潜意识。

我们可以成为自己想成为的人，通过日常环境的激励，选择性地在内心培育某种思想。

抛开那些不利环境的影响，让自己的生活有条不紊。通过储存精神财富和责任，你会发现你最大的弱点是缺乏自信。你能克服这个缺陷，而且在自我暗示法则的帮助下，将怯弱转化为勇气。应用这项法则你需要写下一些积极的想法，背熟它，一遍遍地重复，直至它们成为你大脑潜意识里运行机制的一部分。

自信配方

第一条，我清楚自己有能力实现人生的确切目标，所以要求自己持之以恒地采取行动去实现，我在此承诺将付诸行动。

第二条，我了解自己内心的主导思想最终会转化为现实。因此，我将每天花半小时集中思想，冥想成为想要的自己，这样就能在内心清晰地勾勒出一幅自画像。

第三条，我知道通过自我暗示法则，内心坚守的任何欲望最终都将通过切实可行的方法实现。因此，我保证每天花10分钟时间进行自我暗示。

第四条，我已经明确地写下人生的首要目标，我将永不言弃，直到自己已经拥有实现它的充分自信。

第五条，我完全理解任何财富和地位都无法持久，除非它们建立在诚实和公正的基础之上。因此，我会秉持"己所不欲，勿施于人"，激发他人帮助我，因为我也乐意帮助他们。通过培养对全人类的爱，我会摒弃仇恨、嫉妒、猜忌、自私，因为我清楚对他人的消极态度不会引领我走向成功。我会令他人相信我，因为我也相信他们，但我更相信我自己。

我会在这份配方上署上自己的名字，努力记住它，满怀信念地每天朗读一次，这份信念将逐渐影响我的思想和行动，所以我会成为一个自立和成功的人。

这份配方的背后，是一条没人能解释的自然法则，它困惑了一代又一代的科学家。心理学家称这条法则为"自我暗示"，然后便止步于此。

这条法则的名字无足轻重，重要的是它所代表的事实——它成就了人类的辉煌和伟业，前提是人类建设性地应用它。如果人类毁灭性地应用它，它将轻易地带来毁灭。从这句话里能发现一个重要的道理：那些被失败击垮，一蹶不振，最后生活在贫穷、不幸和失意中的人，是由于他们消极地应用了自我暗示的法则。原因就是：所有思想最终都会兑现。

潜意识并不会区分建设性和毁灭性的思想。它借助思想作用于物质。如同勇气、信念的驱使，恐惧的潜意识能将思想转化为现实。

人类病史上不乏对"暗示性自杀"案例的阐释。一个人接受了消极的建议，就可能自杀，其他的手段也可能产生同样的效果。在中欧的一座城市，一位叫作约瑟夫·格兰特的银行职员从银行里"借"走了一大笔钱，但并没有得到主管的许可。他把这些钱全赌输光了。一天下午，银行审查员来了，开始核实账目。格兰特从银行跑了出去，在当地酒店订了一间房，三天后，他被发现躺在床上，一遍遍地哀号并呻吟着："上帝啊，这毁了我！我还有什么脸面活在世上。"不久他就死了，医生宣布死因是"精神自杀"。

正如电力开启了工业革命之轮，而且建设性地应用于服务；如果错误地使用，它也会吞噬生命。自我暗示法则也是如此，它能带给你平和与富足，也能令你跌入不幸、失败和死亡的万丈深渊，不同的结果完全取决于你对这个法则的理解和应用。

当你与无穷智慧沟通并且使用它的力量时，如果你内心充满恐惧、怀疑和不信，那么自我暗示将会接纳这种不信，而且潜意识会以它为模板，将这种不信转化为对应的物质。

这句话是真理，一条二加二等于四的真理！

就如一股风将船往东吹，另一股风将船往西吹——自我暗示法则也会令你的人生跌宕起伏，这取决于你扬起思想风帆的方式。

任何人都能借助自我暗示法则成就一番事业，它充满想象力。下面这首小诗生动地诠释了自我暗示法则：

如果你认为自己被打败，你就败了；
如果你认为自己不敢去做，你就不会做；
如果你想赢，但你认为自己做不到，
那几乎肯定你不会赢。

如果你认为自己输了,那你真的输了,

因为世界教会我们,

你的意愿是成功的起点——

全在于心态。

如果你认为自己与众不同,那么你就是;

如果你想飞得更高,

相信自己

是你赢得胜利的前提。

生活的战场上,

胜者并不总是属于最强壮、最快的人,

笑到最后的人

一定是相信自己能行的人!

认真遵循这些着重强调的话,你会领悟诗人内心的深层意味。

在你的身体里(或者你的脑细胞里),成功的种子在沉睡,如果唤醒它,并付诸行动,就能达到你从未能企及的高度。

音乐家能使最美妙的音乐从小提琴的琴弦里产生,你也能唤起大脑里沉睡的天赋,驱使你向梦想的目标靠拢。

在40岁之前,亚伯拉罕·林肯做了许多尝试,都以失败告终。他不过是一位来自小地方的无名小卒,直到他的生命中出现一次传奇的经历,这唤醒了他大脑和内心沉睡已久的天赋,也带给世界一位真正的伟人。那次"经历"是悲伤和爱情的交融。安妮·拉特利奇,林肯一生中唯一挚爱的女子，给了他痛苦和美好的体验。

众所周知，爱这种情感近乎于信念，能将人的思想转变为物质。在作者调研期间，从对数百位杰出人物的生活和成就的分析中得出，每位成功男士的背后都有一位女人爱情的支持。爱的情感，植根于人的内心和大脑，能产生引力场，汇聚四面八方各种积极的能量。

如果你想要证实信念的力量，就去研究那些运用这种力量获得成就的人。第一位值得研究的当属基督徒。基督教是世界上最能影响人心的强大力量。基督教的基石便是信念，不论有多少人对此如何误解和扭曲，不论多少教条、教义都打着它的旗号，都抹杀不了信念的原理。

基督的布道和成就都被后世解读为"神迹"，其实这就是我们所说的信念。如果世界上真有"神迹"，那么它们都是信念这种心境的产物！一些宗教老师，还有那些自称基督徒的人，既没有理解也没有践行信念的原理。

让我们思考一下信念的力量，它已经被一个人彻底诠释了。这个人举世著名，就是印度的圣雄甘地。在人类文明史上，甘地惊人地诠释了信念的种种可能。甘地拥有的潜在能量比当代的任何人都要强大，尽管他没有任何证明权力的常规手段，如金钱、战舰、军队和战争物资。甘地钱财散尽，以天地为家，不着华服，但却充满能量。他怎么会拥有这股能量呢？

他出于对自我的认知，创造了信念法则，而且通过努力把信念灌输到数亿印度人民心中。

借助信念，甘地拥有了最强大的力量，即便是地球上最强大的军事力量也无法通过军队和军事武器获得这种力量。他成功地影响并实现了 2 亿印度人民团结一心。

在地球上，除了信念，还有什么其他力量能做到？

终有一天，雇主和雇员们都会发现信念的潜力。这个发现指日可待。

在大萧条的日子里，这个世界充满了机会去见证信念缺失对经济的影响。

当然，人类文明培育了一大批仁人志士，他们定会从大萧条中吸取教训。在大萧条期间，整个世界无数次地证明了：散布恐慌会使工业和商业运转陷入瘫痪。无数商业、产业大亨将在这次经历中得到洗礼，并且从甘地的范例中获得启示，他们将会在商业中应用战略，就是甘地用来创造宏伟历史的战略。这些大亨会起于不知名的小人物，他们彼时不过是钢厂、煤矿、汽车厂的小工，而且身处全美的各个角落。

商业必须进行改革，对这点绝对不要错误地理解！过去商业运作的方式是力量和恐慌的经济联合，这一模式将会被更好的"信念与合作"的法则替代。付出劳动的工人收获的将不仅仅是每日工资，他们将从业务中得到分红，而且能获得与投资者同等的红利。但是，前提是他们必须尽可能多地为雇主服务，不再以暴力的方式争吵——这样损害的是公共利益。他们必须赢得分红的权利！

而且，最重要的是，他们的领导者是那些理解并能应用圣雄甘地法则的人。只有通过这种方法，领导者才能赢得追随者的全面合作，这种合作精神是最持续、最强大的力量。

我们所生活的工业革命时代已经侵蚀了人心。这个时代的雇主把人视为冰冷的机器；雇主这样做也是因为雇员为了酬劳不惜一切代价。未来世界的标语将是"人类的幸福和满足"，当人们达到这样的心境，生产就会顺其自然，而且相比过去缺乏信念与工作兴趣而言，未来的人们将会以一种更高效的方式完成生产。

商业和工业的运作需要信念与合作，通过一个实例来分析实业家和商人是如何运用上述法则——先给予后索取来积累财富,你将会受益匪浅。

案例发生在1900年,那时美国钢铁公司刚刚成立。当你阅读这个故事时,请牢记思想是如何转化为巨大财富的。

第一,这家庞大的美国钢铁公司诞生于查尔斯·许瓦布的内心,是查尔斯通过想象力得来的一个主意;第二,查尔斯将信念融入想法中;第三,他制订了将主意转化为现实的计划;第四,他在大学俱乐部的著名演讲是他实施计划的起点;第五,他持之以恒地实施并且遵循计划,以果断的决策力保计划的全面实施;第六,对成功的强烈欲望引领他最终走向成功。

如果你像许多人一样,经常思考巨额财富的累积过程,这家美国钢铁公司成立的故事会给你启发。如果你怀疑人们能够"思考致富",那这个故事将打消你的顾虑,你能清晰地从美国钢铁公司的故事里,发现对十三条法则中大部分的应用。

约翰·洛厄尔曾在《纽约世界电讯报》上戏剧性地描述过思想的力量,我直接引用如下:

价值连城的餐后演讲

1900年12月12日的晚上,全美80位金融贵族聚集在纽约第五大道的大学俱乐部宴会厅,他们都是来给一位来自西部的年轻人捧场。这些嘉宾中只有为数几位意识到自己即将见证全美工业史上最重要的篇章。

爱德华·西蒙森和查尔斯·斯图尔特·史密斯最近一次访问匹兹堡时,受到了许瓦布先生的盛情款待,他们对此十分感激,于是把这位38岁的钢铁商人介绍给了东部银行协会,但他们并不认为许瓦布会在饭桌上有所动作。事实上他们警告过许瓦布,纽约那帮衣着光鲜的银行家都没有轻易被说动的心。而且，如果他不想惹恼这帮财阀，最好礼貌性地推销15至20分钟，然后让一切顺其自然。

纵然银行家约翰·皮尔庞特·摩根坐在许瓦布的右边，显示出自己无上的高贵，并打算在宴会中仅短暂地露下面。但是对于媒体和公众而言，整个会面异常短暂，根本不值一提，也不值得登上第二天的新闻版面。

这两位主人和他们的来宾，享用着宴会上的七八道菜，期间彼此很少交流，只有拘束与克制。鲜有银行家和股票经纪人见过许瓦布，当时他的事业仍在匹兹堡的南部小镇。然而，就在晚宴结束前，这几位银行家和经纪人还有大财阀摩根都会沾沾自喜，因为一位亿万美元的宠儿——美国钢铁公司即将应运而生。

由于历史的原因，很遗憾没有留下许瓦布在晚宴上演讲的任何记录。后来在一次与芝加哥银行家会面的时候，他复述了演讲的部分片段。后来当政府起诉要求解散钢铁托拉斯时，许瓦布在证人席上，就当初如何成功说服摩根进行一系列投资的事迹，给出了自己的故事版本。

很有可能那不过是一场平淡无奇的演讲，它有点不合文法（许瓦布总是不拘泥于语言的细节），满篇充满警句和哲理。尽管如此，演讲感染并影响了总身价为50亿美元的来宾。演讲结束后，聚会照常，许瓦布又滔滔不绝地谈了一个半小时，随后摩根请他一同挪到窗边，他们别扭地坐在高高的椅子上，双腿在空中晃荡着，又谈了一个多小时。

许瓦布施展了全部的个人魅力，但重要的是：他针对钢铁业制订了一个成熟、清晰的计划。很多人都试图探索饼干、电线、糖、橡胶、威士忌、石油和口香糖等产业模式，他们也向摩根兜售一个拼凑的钢铁托拉斯。当时的产业家，绰号"百万赌徒"的约翰·盖茨则极力怂恿，但是摩根并不相信。芝加哥股票经纪人比尔和吉姆·摩尔两兄弟，共同创立了一家火柴托拉斯和爆竹公司，但也以失败告终。埃尔伯特·盖瑞，这位道貌岸然的乡村律师，也想推动这件事，但是他的影响力并不大。直到许瓦布出现，他的雄辩能力使摩根确信，这项迄今为止最大胆的投资能够给他带来可靠的回报，而当时其他人都认为这个计划是某个疯子做着天上掉馅饼的白日梦。

在上个年代就有了通过金融的纽带将成千上万家小型或者管理无效的公司组合成大型且具有竞争力的联合体，并通过约翰·盖茨这位疯狂的商界海盗，在钢铁行业中得以实现。出于各种考虑，盖茨早就成立了美国钢铁和电线公司，而且还和摩根一起创立了联邦钢铁公司。国家管道公司和美国桥梁公司是摩根顾虑的另外两个对手，而且摩尔兄弟已经放弃了火柴和饼干生意，打算重组一个"美式"组合——镀锡铁皮、钢箍、钢板——国家钢铁公司。

但是与安德鲁·卡内基的庞大垂直结构而且由53位合伙人经营的托拉斯相比，上述这些企业的合并真是小巫见大巫。他们可以想怎么整合就怎么整合，但根本无法撼动卡内基企业的一分一毫，摩根十分清楚这点。

安德鲁·卡内基，这位古怪的苏格兰老人对此也十分清楚。他站在匹兹堡的最高点，看着摩根的那些小公司企图抢走他的生意，起初觉得很可笑，后来觉得厌恶。当摩根的行动愈发肆无忌惮的时候，卡内基愤怒起来并决心反击。他做出决定——仿制对手的工厂，在此之前，卡内基对铁丝、铁管和铁皮的生意毫无兴趣。他满足于出售生钢给这些公司，完全不在意它们生产的产品。如今，卡内基有了许瓦布这个得力助手，他酝酿着如何将对手全盘摧毁。

因此，从许瓦布的演讲里，摩根找到了解决联合企业难题的答案。没有卡内基——最大的巨人——参加的托拉斯，便称不上托拉斯，正如一位作家所说，李子布丁里面没有李子，这根本称不上李子布丁。

1900年12月12日晚上，许瓦布所做的演讲毫无疑问带着某种暗示，尽管不是承诺——庞大的卡内基企业也可以被收入摩根麾下。他谈到钢铁行业的未来，重新组织效率和专业化生产，拆除那些失败的钢厂，集中精力攻克新性能的钢材，节省矿石运输的成本，精简行政机构，以及占领外国市场。

此外，许瓦布还告诉这些大亨们，他们惯常的盈利方式中究竟哪儿存在问题。许瓦布指出，他们的手法一直以来就是形成垄断，然后提高价格，最后从这一特权中牟取巨额红利。许瓦布痛心地谴责了这种体系。他告诉这些大亨，垄断策略的短浅目光限制了所有行业的扩张，阻碍了市场的发展。他认为，通过降低钢材成本，便能创造一个不断扩张的市场；钢铁将会有更多用途，这样就能占据相当一部分的全球贸易。事实上，虽然许瓦布当时并不知道现代化大生产的概念，但他已然是这一新时代生产方式的开拓者了。

大学俱乐部的晚宴结束了。摩根回到家，开始思考许瓦布谈到的美好憧憬。许瓦布则返回匹兹堡，继续为卡内基经营钢铁生意，而股票经纪人摩尔兄弟和其他宾客则重返股票市场，兴奋地地期待下一步的交易行动。

不久，一切便应运而生。摩根花了一周时间消化了许瓦布为他精心准备的理性大餐。当摩根说服自己这个计划不会带来财务上的危机时，他派人请许瓦布前来面谈——却发现这个小伙子有些畏首畏尾。许瓦布暗示，如果卡内基发现自己信任的公司总经理，一直与华尔街之王走得很近，他可能会不高兴。卡内基早已下定决心永不涉足华尔街。后来中间人约翰·盖茨提议：如果许瓦布"凑巧"住在费城的贝尔维尤酒店，摩根也可能"碰巧"在那儿入住。但是当许瓦布赶到酒店，摩根却因意外生病躺在了纽约的家中，未能赴约。但在摩根老人恳切的邀请下，许瓦布前往纽约，出现在银行家的书房门口。

现今，某些经济史学家公开声称，他们相信这个故事自始至终都是卡内基亲手导演策划的——那次招待许瓦布的晚宴、那篇著名的演说、许瓦布与金融巨鳄的周日夜谈，这些都是卡内基这个狡猾苏格兰人的精心安排。事实恰好相反。当许瓦布被任命促成这笔交易时，他甚至不清楚这位"小个子老板"——卡内基——是否会听从出售公司的提议，尤其是出售给卡内基认为天性不太纯良的一群人。但是许瓦布的确说服了卡内基，他亲手在六张铜版纸上写下了一组数字，每个数字代表他对每家钢铁公司的价值和盈利的评估，他认为这几家钢铁公司是构建一个全新钢铁王国的重要部分。

四个人通宵思忖了这些数字。最主要的当然是摩根了，他笃信金钱的神圣权利。其次便是摩根的贵族合伙人罗伯特·培根，他是一位学者和绅士。第三位是约翰·盖茨，摩根视他为一名赌徒，而且只把他当成工作资源。第四位是许瓦布，他对钢铁的生产流程与销售的了解，比这群人多得多。整个过程中没有人对匹兹堡人许瓦布提出的数字产生置疑。如果许瓦布说某家公司值多少钱，那么它就值这个价，不可能更高。许瓦布还坚持，只有他提出的问题才能被纳入整合公司的考量中。他心中所设想的这样一家大型钢铁企业不允许有任何复制，他甚至不允许朋友借助摩根的财力以摆脱自己公司的困境，这样的贪欲不可能被满足。对于华尔街的其他巨头早已忧心忡忡的大问题，他还故意搁置不议。

当黎明的曙光升起，摩根站起身，挺直了背。他只剩一个问题了。摩根问道："你认为自己能说服卡内基老头卖钢厂吗？"

许瓦布回答:"我尽力而为。"

摩根说:"你只管说服他,具体的事情我来处理。"截至目前事情的整个进展还不错。但是卡内基真的会卖掉他的钢铁公司吗?

他会要价多少?(许瓦布估价3.2亿美元)。他会要求怎样的付款方式?普通股或者优先股?债券?现金?20世纪初,没有人能筹到10亿美元中三分之一的现金。

次年的1月,在纽约富人聚居的韦斯契斯特县的一片霜冻的荒原上,举办了一场高尔夫球赛。卡内基裹在厚厚的毛衣里来御寒保暖。许瓦布一如往常,高谈阔论,以振奋精神。但是两人对生意只字不提,直到他们坐在卡内基舒适温暖的小屋里。随后,许瓦布凭借在大学俱乐部催眠80位亿万富翁的说服力,又开始一股脑儿地向卡内基承诺给他舒适的退休生活,给他花不完的美元,以满足这位老人的社交生活。卡内基被说服了,他在纸上写了一个数字,递给许瓦布说:"行吧,这就是我们的要价。"

这个数字约4亿美元,在许瓦布提出的3.2亿美元估价的基础上,加上了8000万美元作为过去2年的资本增值。

后来,在一艘横跨大西洋的轮船上,卡内基和摩根站在甲板上,卡内基满怀感伤地对摩根说:"要是当初我再多要1亿美元,该有多好。"

摩根高兴地答道:"如果你真的要了这个数,你当初就能得到。"显然,当时这件事曾轰动一时。一位英国记者发消息,称国外的钢铁界对这两大巨头的合并表示"十分恐慌"。耶鲁大学的哈德利校长称,除非对托拉斯加以管制,否则美国在"未来25年内,一位皇帝将称霸华盛顿"。

但是精明的股票操盘手基恩,却早已着手将这个新钢铁巨头的股票推销上市,而且劲头十足,将所有的剩余股票——估价6亿美元瞬间售出。卡内基从交易中获利数百万,而摩根财团也从这次"折腾"里赚取了

6200万美元，其他的伙计们，不论是"百万赌徒"盖茨还是乡村律师盖瑞，都稳赚好几百万美金。

38岁的许瓦布也得到了回报。他被任命为这家新钢铁企业的总裁，管理这家企业，直至1903年。

你刚刚读完了这桩大生意的故事，它之所以被纳入本书，是因为其完美地诠释了将欲望转化为物质的方法。

部分读者可能会质疑这句话——仅仅一种无形的欲望就能转化为对应的物质？有人肯定会说："你不可能把虚无的东西转化为有形的物质！"其实，这个问题的答案就在美国钢铁公司的故事里。

这家钢铁巨头诞生在一个人的内心里。还是同一个人，他构想出了让钢厂获得稳定财政来源的计划。他的信念、欲望、想象力和毅力是产生美国钢铁公司的原料。这家新企业收购了数家钢厂和机械设备，当公司合法成立后，一项全面的分析表明：公司收购的所有资产增值约6亿美元！仅仅通过一笔交易就使得这些资产合并、纳入同一管理体系之下。

也就是说，想法加上将信念成功地植入摩根和其他合伙人的心里，获得了6亿美元的盈利。对于一个想法而言，这可是一笔不小的数字！

我们不必关注从这笔交易中得到上百万美元的那些合伙人后来怎么样了。这项惊人成就的重要特征在于：它毋庸置疑地论证了本书所描述的成功法则的可靠性。后来，美国钢铁公司日益繁荣，成为全美最富有、最强大的企业，拥有成千上万名员工，并研发出钢铁的新用途，打开了新市场。这证明了从许瓦布的思想诞生而来的6亿美元利润不是空穴来风，是实实在在挣来的。

财富的雏形便是思想！

财富的多少仅仅受人的思想限制。信念突破了限制！请牢记这句话，当你准备好与生活谈判并交易，你都要通过这种方式争取自己内心想要的价码。

还有，请牢记，这个创造了美国钢铁公司的人在当时几乎不为人所知。他（许瓦布）仅仅是卡内基的一名得力助手，直到他产生了这一著名的想法。此后，他便迅速荣登权利的宝座，而且名利双收。

思本无涯
唯思止于此
贫与富皆为
思之产物

第四章
自我暗示

致富第三步

自我暗示这个词适用于所有通过 5 种感官达到内心的一切建议和自我激励。换一种方式表达，自我暗示就是心理暗示。这是一种有意识的大脑部分与促使行动的潜意识大脑的沟通机制。

借助有意识地让主导思想（不论这些想法是消极的或者积极的，都是无形的）长期停留，自我暗示将会自动抵达潜意识并且影响这些思想。

任何想法，不论消极或者积极，如果没有自我暗示的帮助，都无法抵达潜意识，除非自成天和。这么说吧，所有 5 种感官的感受，要么被有意拒之门外，要么被接纳进入潜意识。因此，意识器官就像是一名站在潜意识大门外的门卫。

自然造化人。通过 5 种感官，人可以完全掌控那些抵达他潜意识的思想，虽然这并不意味着人总是能掌控它们。在绝大多数情况下，人并没有掌控，这便解释了为什么许多人终其一生贫困潦倒。

来回想一下，上一章里我们提到过潜意识就像一块肥沃的苗圃，如果没有播种，苗圃便会野草丛生。自我暗示好比操控机器，个体可以通过它自主选择用富有创造力的想法来滋养潜意识，或者由于疏忽，允许带有毁灭性的想法进入内心花园。

"欲望"一章描述了致富的后六步，并教你每日读两遍所写下的财富欲望宣言，然后想象并感受自己拥有了这些财富！如果照着做，你会以绝对信念的精神与潜意识直接交流你所渴望的物质。通过不断重复这个过程，你会自主地产生一些思维习惯，它将有利于把欲望转化为物质财富。

请回到第二章描述的六大步骤，在你进一步实践之前，请再认真读一遍。然后（当你想起它时），请再认真读一遍"精心规划"这一章里关于"智囊团"的四个指导。通过比较这两组指导，你会看到指导在自我暗示原理中的应用。

所以，请牢记，当你大声朗读你写下的欲望陈述、培养你的"财富意识"时，仅仅朗读是不会产生任何结果的——除非倾注你的情感和感受。如果你每天重复 100 万遍"一天又一天，在每个方面，我都越来越好"，但不倾注情感和信念，那你不会得到想要的结果。你的潜意识只会认可并且实践那些你倾注了情感和感觉的想法。

这个事实证明了重复阅读每一章的重要性，缺乏足够的理解是导致大部分尝试自我暗示法则的人失败的主要原因。

平淡无奇的字语无法影响潜意识。直到你学会把那些充满信念的想法或言语传递到潜意识里，你才会有所收获。

如果初次尝试时，你无法控制和引导自己的情绪，请不要失望。记住，不劳而获的可能性是不存在的。要掌握传递思想并且影响潜意识的能力需要付出，你必须付出。不能欺骗自己，即便你很渴望这么做。要拥有影响潜意识的能力，你所付出的努力就是持之以恒地应用此处描述的法则。你不能奢望靠偷懒、松懈就能获得这样的能力。你，只能是自己来决定追求的奖赏是否值得付出的努力。

单靠智慧和"小聪明"无法吸引并留住财富，在极少数情况下，平均法则才青睐这种致富方法。本书的致富方法并非依靠平均法则，该方法并没有任何偏好，它对每个人都同样适用。如果失败了，那是个人的失败，而不是这个方法的失败。如果你尝试了这个方法但还是失败，那就再试一次，再试一次，直至成功。

你应用自我暗示原理的能力很大程度上取决于你专注于某种欲望，直至它变成一种执着。

当实施这些指导连同第二章中的六大步骤，你必须要学会专注。在这里给读者提供专注的几种有效方法。当你开始实施六大步骤的第一步，也就是"在内心确定你所渴望得到的金钱的确切数字"，集中注意力在这笔钱上，或者闭上双眼，专注意志，直到你心里真正看到这笔钱的物质形态。每天至少这样做一遍。当你逐步练习的时候，遵循"信念"这章里的指导，然后想象自己真的得到了这笔钱！

最重要的事实是——潜意识接受并执行绝对信念下达的任何指令，但这些指令需要一遍又一遍地重复，直至它们完全被潜意识接受并解读。依据这句话的逻辑，请考虑一下合理控制潜意识的可能性。如果你自己相信，潜意识也会相信；你一定会得到想象中的这笔钱，这笔钱正等着你去拿，所以潜意识一定会给你可行的方案以得到这笔属于你的钱。

将上一段提到的这个想法传达给想象力，接下来看看你的想象力能够或者会做些什么，将想法变为可行的方案，从而实现累积财富的欲望。

不要守株待兔，等待某个确切的计划，一个打算用服务或者商品来换取钱财的计划，而要从一开始就让自己看到并占有它，渴求并期待，你的潜意识会给你方案，甚至是你需要的几种方案。你得对这些方案保持警觉，一旦它们出现，立刻付诸行动。当这些方案出现时，它们可能以第六感，或者以"灵感"的形式在你的脑海里一闪而过。这种灵感被视为无穷智慧直接发给你的"电报"或者讯息。尊重这个灵感，而且接收后立即采取行动。如果不照办，这对你的成功之路是致命的。

六大步骤的第四步教你"制订一个实现欲望的确切计划，而且从一开始就将计划付诸实践"。你应当按照上一段里描述的方法去做。当你制订计划将欲望转化为财富时，不要相信自己的"推理"。理性是错的，而且你的推理能力可能很懒惰，如果你全依赖它，结果会令你失望。

想象要得到的那笔财富时（闭上双眼），同时想象自己通过提供服务或者商品来交换获得。这一点至关重要！

指导总结

如果你正在阅读这本书，说明你强烈地渴求获得知识，也说明你是成功学的学生。如果你仅仅是一名学生，很有可能学到很多过去不曾了解的知识，但只有保持虚心的态度，你才能学到真东西。如果你选择遵循某些指示，必须秉承信念的精神去遵守一切指示。

第二章与六大步骤相关的指示，结合本章中涵盖的法则，现总结如下：

第一点，找一处不会被打扰的安静地方（最好是晚上躺在床上），闭上双眼，大声反复朗读你所写下的《致富宣言》（这样你才能听清自己说的话），读出想积累的财富数量，得到这笔财富的截止时间，以及描述打算用什么服务或者商品来换取这笔钱。当照着做的时候，你会看见自己已经拥有了这笔钱。

比如，假设你打算在5年后的1月1日前得到5万美金，并打算通过提供销售服务来积累这笔财富。那么你写下的《致富宣言》应当与下面这段话相似：

在19××年的这一天来临之际，我将拥有5万美元，而且在此期间，这笔钱将通过不断累积而来。

为了得到这笔钱，我会尽己所能，作为一名××（写下你打算出售的服务或者商品）销售人员，提供高效优质的服务。

我坚信自己会得到这笔钱。我拥有如此强烈的信念，所以能看到这笔钱出现在眼前。我的双手甚至能触摸到它。这笔钱正等着我去拿，我将会通过提供对等的服务来获得它。我正等待着一个去累计这笔财富的计划，当获得了这个计划，我将会遵守它。

第二点，每天早上、晚上重复读一遍《致富宣言》，直到这笔钱出现在你的眼前，在你的想象中。

第三点，将你的《致富宣言》用手再誊写一遍，放在白天和晚上都能看到的地方，在每天入睡前读一遍，起床前读一遍，直到能完整背下来。

请记住，当开展上述行动时，你正在运用自我暗示的原理，给自己的潜意识下达指令。还请记住，你的潜意识只会执行那些富有情感的指示，并且赋予这些指示以"感觉"。信念是最强大、最有效的情感。遵守"信念"一章给出的指示。刚开始的时候，这些指示会显得比较抽象。

不要让这点影响你，你只管遵守这些指示，不管它们刚开始看起来多么抽象和不切实际。如果你照着做了，精神上和行动上都做到了，那么一个全新的世界就会在眼前显现。

怀疑新想法是所有人的特征。但如果你不折不扣遵循上述指示，你的怀疑就会逐渐被信仰所取代，并凝结为绝对信念。最终你会欣然告诉自己："我是自己命运的主人，是自己心灵的舵手。"

很多哲学家都曾指出，人类才是自己尘世命运的主人，但是他们中的多数人都没有说明为什么自己就是命运的主人。人为什么能主宰自己在尘世的地位，尤其是经济地位，这一点在本章中得到了充分的解释。人可以成为自己的主人，成为环境的主人，这是因为他有影响自己潜意识的能力，而且在潜意识的作用下，人能够得到无穷智慧的帮助。

你现在阅读的这一章是通往成功大门的基石。如果想成功地将欲望转化为财富，你必须完全理解本章列出的这些指示，然后持之以恒地应用它们。

将欲望转化为财富的实际行为需要借助自我暗示，通过这个机制，人的想法可以抵达并且影响潜意识。其他的一些法则只是用来帮助你进行自我暗示。请把这点牢记于心，而且时刻提醒自己自我暗示原理最重要的部分在于应用本书所描述的方法，努力地累积财富。

像孩子一样去执行这些指示。给你的努力倾注孩子般执着的信念。笔者特别摒弃了那些不切实际的指示，因为笔者真诚地希望能帮助读者。当

你读完整本书后,再回到这章,全身心地追随指示:

每晚大声朗读整个章节,直到你完全相信自我暗示原理的可靠性,这会帮助你实现你所要的一切。当你朗读的时候,用铅笔画下那些令你深有感触的句子。

请一五一十地遵守上述指示,这将会助你打开成功之道的大门。

第五章
专业知识

致富第四步

世界上有两种知识。一种是通识，另一种是专业知识。不论你拥有多少数量或者多少种类的通识，这对于财富的累积都没什么作用。综合大学的所有院系，几乎拥有人类文明已知的各种形式的通识，但大多数教授们两袖清风，因为他们专注于教授知识，并不专注知识的组织或者使用。

知识不会吸引金钱，除非是有条理的知识，而且有切实可行的行动计划，才能实现财富累积的目标。缺乏对这个事实的理解困惑了数百万人，他们误以为"知识就是力量"，可实际上并非如此！知识只是一种潜在的力量。只有当知识被有条理地纳入确切的行动计划，并且指向一个确切的目标的时候，它才能成为力量。

如今，人类文明早已清楚整个教育体系中的"缺失环节"，这一环节就是教育机构没有教会学生如何组织并应用已经学到的知识。

很多人会犯这样的错误，他们认为亨利·福特不是一位有"学识"的人，因为他几乎没有接受过"正规教育"。这些人之所以犯这样的错误，是因为他们并不了解福特，也不理解"教育"这个词的真实含义。"教育"这个词来源于拉丁语"educo"，意思是"去引导，去归纳"，从中学习。

一个受过教育的人，不一定非得拥有丰富的通识或者专业知识。一个受过教育的人应该培养出良好的心智，在不损害他人权利的前提下，可以获得任何自己想要的东西。福特就完全符合这个定义。

在"一战"期间，一家芝加哥报纸刊登了一篇社论，指责亨利·福特是一名"无知的和平主义者"。福特强烈抵制该评论，而且投诉这家报纸诽谤他。当法庭审理该案时，报社的律师以"有理有据"来进行辩护，而且让福特先生出现在证人席上，从而向陪审团证明福特的确无知。对方律师问了福特一连串的问题，福特对于所有问题的回答都证明，尽管他掌握了关于汽车制造方面丰富的专业知识，但是，总体而言，他对一些常识却表现出无知。

一连串的提问像连珠炮直冲福特先生：

"谁是贝内迪克特·阿诺德（美国独立战争时期华盛顿麾下的将军）？""当年英国殖民者为了镇压美国1776年的独立战争,曾派兵多少？"针对最后一个问题，福特回应："我的确不清楚英国殖民者当年派兵的具体数字，但是我曾听闻当年的派兵人数是史无前例的。"

最后，福特明显厌烦了，为了回击某个特别无礼的问题，他指向用问题炮轰他的辩方律师，反问道："如果我要是真心想回答你的那个傻帽问题，或者之前任何一个问题，我得提醒你，我的办公桌上有一排电控按钮，随便按下哪一个，我都能立即差遣我的助手，而他们都能回答任何一个关于业务方面的问题，为这些业务，我耗尽了毕生精力。现在，您能否大发慈悲地告诉我，为什么我非得绞尽脑汁回答这些常识性问题，而与此同时，我手下的人都能提供任何我需要的常识？"

福特先生的回答充满了逻辑。

被难住的该是辩方律师了。法庭上的每一个人都有自己的答案，福特绝对不是无知的人，他是一个有教养的人。任何一个受过教育的人都清楚怎样去获得自己所需要的知识，怎样去组织这些知识并把它应用到具体的行动中。在"智囊团"的协助下，福特将专业知识为其所用，成为全美最富有的人。福特是否拥有这些知识并不重要。当然，任何读懂本书的读者都能意识到这个例子的重要性。

当你确信自己拥有将欲望转化为相应财富的能力的时候，你需要关于某一服务、商品或者行业的专业知识，并打算用这些服务或者商品来换取财富。可能还需要更多的专业知识，如果是这样，"智囊团"可以协助你弥补自己的不足。

卡内基曾表示，他自己对于钢铁行业的专业知识一无所知，而且也不在乎去了解这些知识。他从自己的"智囊团"里获得了钢铁生产和营销方面的专业知识。

巨额财富的累积需要力量，而力量来自于有组织的、极富条理与针对性的专业知识，然而这些知识并非必须由积累财富的人拥有。

前面曾提到，我们应该给那些怀抱致富野心的人希望和鼓励，这些人可能并没有受过足够的教育，无法获取致富所需的专业知识。人有时候会遭遇人生的低谷，被"自卑感"所折磨，因为他们没有很高的学识。一个有能力组织和领导一个掌握财富累积所需知识的"智囊团"的人，他也是这个群体中有知识的人。请记住，如果你被自卑感所折磨，那是因为你对什么是学习的理解太过于狭隘。

发明大王爱迪生在一生中只接受了 3 个月的"正规教育"。他并非没有学识，更不是一个贫穷的人。

汽车大王福特没念完小学六年级，但是靠自己他成为一代富翁。专业知识可以从最丰富、最廉价的服务形式中获取！如果你不相信，可以咨询任何一所大学的在职员工。

了解怎样获取知识

首先，明确你所需要的专业知识以及需要它的原因。在很大程度上，你毕生追求的最大目标决定了你所需要的知识。明确了这个问题，下一步就需要了解这些知识的渠道：

（1）个人的经历和所受教育；

（2）通过与他人（智囊团）合作而获得的经历和教育；

（3）大学和研究生学院；

（4）公共图书馆（从图书和期刊中获取人类文明已经组织好的所有知识）；

（5）特殊培训课程（特别是夜校和家庭学习课程）。

一旦获取了知识，就必须对知识进行梳理和运用，通过切实可行的计划去实现特定的目标。知识本身没有价值，价值只有从实际运用中才能获得。这就是为什么大学文凭并没有特别高价值的一个原因。它们代表的仅仅是五花八门的知识。

如果你考虑接受额外的教育，首先你要明确目的，然后去寻找获取这一专业知识的可靠来源。

各行各业的成功人士，在获取与他们的人生目标、业务和行业相关的专业知识方面从未止步。那些没有成功的人往往认为当走出校园大门，知识学习的阶段就结束了，这是一个常见的错误。事实是，在校教育所做的仅仅是教会你获取知识的方法。

伴随经济危机的结束，我们面临的不仅仅是一个新的世界，教育领域也面临着巨大的变革。今日世界大行其道的是专业化！哥伦比亚大学的招生办秘书罗伯特·摩尔对此强调。

急需专业人才

那些用人单位往往寻找的员工都是某个领域的专业人才——受过会计和统计学培训的商学院毕业生，各个方向的工程师、记者、建筑师、化学家，以及高年级里社交活动的领导人物。

那些在校园里十分活跃的毕业生，他们能与形形色色的人搞好关系，而那些学习成绩优秀的学生在学术方面拥有决定性的优势。其中一些学生，由于他们在各方面全面发展，能在毕业季收获很多职位的邀约，有些甚至能拿到6份工作邀约。

现在人们的观念已经发生转变。过去人们总是认为"满分"学生一定能找到最好的工作。哥伦比亚大的摩尔先生表示，现在大多数企业不仅看重学生的学习成绩，而且十分重视他们在校内外的活动和人品。

有一家行业内最大的工业企业，曾就学院里最具前景的毕业生问题，写信给摩尔先生：

我们最想要的是能在管理方面做出突出业绩的人才。所以相比于候选人专业的教育背景，我们更看中他的品格、智慧和个性。

学徒制度

摩尔先生提出了一种学徒制度——让学生们在暑假期间去办公室、商场和工厂的岗位中实习，他明确指出学生完成头两三年的学习后，他们都会被要求"选择一个明确的方向，如果你专业不对口，偏离了主方向，那么就应当停下来"。

摩尔还说道："专科学院和大学都必须面对这个现实，就是所有的行业和职位现在都要求专业人才。"他呼吁各大高校直接承担职业指导的责任。

对于那些需要专业培训的人而言，一个最可靠、最切实的渠道就是夜校。函授学校也提供专业培训，通过全国各地的邮件往来，所有的学科都能在这样的方式下进行授课。家庭培训的一大优势在于学习课程的弹性，它可以使学生最大限度地利用空闲时间。另一个惊人的优势在于，家庭培训所提供的不仅仅是课程，还有随之而来的大量咨询机会，这些咨询对于那些需要专业知识的学生而言是无价之宝。不论你住在哪儿，你都能与他人分享这些好处。

任何不费吹灰之力与成本就得到的东西往往不被人认可，而且备受质疑；或许这就是为什么我们从公立学校收获很少的原因。你从某个明确的专业知识学习项目中所收获的自律习惯，在一定程度上可以弥补浪费掉的那些轻易获取知识的机会。公立学校的学费如此便宜，所以他们会要求学生立即付款。强迫一次性缴纳学费，可能会促使某个学生硬着头皮学下去，不管自己的成绩是好是坏，而他本可以选择放弃这门课程。函授学校在缴费方面并没有刻意强调，因为它们的收款部门是根据培训目标、学习快慢、行动，以及学习习惯来分阶段收费。

早在 25 年前，我就深刻体会到了这点。我参加了一个关于广告的家庭学习课程。学到第十节课的时候，我便不上课了，但是学校仍然继续发给我学费账单。而且，不管我是否继续课程，它都坚持要求我付款。我决定既然交了课程费（从法律角度，我也要求自己这么做），我就应该完成课程，这样钱才花得值。那时候，我感觉这所函授学校的收费制度确实比较有条理，后来体会到这是我培训方面十分具有价值的部分。由于被迫缴纳学费，我只好继续上课并完成了课程。在后来的生活中，我发现当时那所学校高效的收费制度比收到的学费更值钱，因为我不得不勉强上完那次广告培训课程。

我们的国家拥有全世界认为最好的公立学校制度。我们投入了大笔资金建设美好的校园，我们为农村地区的孩子提供便利的交通，所以他们也能去上最好的学校，但是这项伟大的制度却有一个惊人的弱点——它是免费的！人往往很奇怪，他们只珍惜那些需要付出价钱的东西。全美免费的学校，免费的公立图书馆，人们根本不为所动——就是因为这些都是免费的。这也就是为什么许多人中断学校的学习，走入社会后发现再上一门培训课是多么必要。这也是为什么那些用人单位更看重那些参加了家庭学习课程的员工。这些用人单位从经验中得知，那些有毅力牺牲部分业余时间在家学习的人身上一定有着领导力的潜质。这种认可并非只是某种善意的鼓励，而是用人单位从业务中得出的合理判断。

人们身上有一项弱点是无药可救的，这项弱点十分普遍——缺乏斗志！普通人，尤其是工薪阶层，能挤出闲暇时间用于家庭学习的人，少之又少。这些行动的人打开了一条向上晋升的道路，并跨越了前进道路上的诸多障碍，最终得到了伯乐的赏识。

家庭学习的培训方法对于工薪阶层尤其适合，因为他们会发现，走出校园大门之后，需要获得更多的专业知识，但是他们已经没有空闲时间回炉重造了。

大萧条后新的经济走势给成千上万的人提供了额外的收入来源。对于大多数人而言，解决问题的唯一答案就是获取专业知识。很多人可能会被迫换一个全新的职业。当商人发现某种产品卖不出去时，他通常会换另一种有市场需求的商品。营销个人服务的人一定也是高效的商人。如果他的服务没有带来足够的回报，他必须换一个能提供更多机会的工作。

图尔特·奥斯汀·威尔给自己的定位是建筑工程师，而且一直朝着这个方向努力，直到大萧条压缩了市场需求，他接的活儿没法带来所需的收入。他重新规划，决定转战法律界，他回到学校学习专业课程，这些课程助他成为一名公司法律顾问做足了准备。尽管那时大萧条仍未结束，他依然完成了培训课程，通过了司法考试，而且在德克萨斯州迅速开始执业，获得了丰厚利润。

为了以正视听，对于这些可能的借口，诸如"我没法再回去上学，因为得养家"，或者"我年纪太大了"，我会告诉你们如下事实：上文中的威尔先生已年过40，而且重返校园的时候，他已经结婚了。由于精心挑选课程，威尔在两年时间内修完了大多数法学院学生四年的课程。了解如何购买知识也需要付出代价！

那些走出校园就不再学习的人，不仅无可救药而且注定一生碌碌无为，不管他从事什么行业。成功之路是对知识的持久探索。

接下来让我们来思考一个案例。

在大萧条期间，一个杂货铺的销售员发现自己丢了工作。由于拥有记账的经历，他选择了会计的专业课程，而且熟练掌握了最新记账和办公软件的操作，然后开始创业。首先，他与之前上班的那家杂货铺签订了合同，随后，他陆续与100个以上的小商贩签订合同，帮他们管账，每个月仅收取很少的费用。他的想法很实际，当发现有必要拥有一间简便的办公室时，他就将其设在一辆小型送货车内，而且还配置了现代的记账机器。如今，他有一排这样的车载记账办公室，雇用了许多助理员工，为这些小商贩提供价廉质优的记账服务。

专业知识加上想象力造就了这项独特且成功的业务。去年，这位老板缴纳了一笔所得税，几乎是大萧条时期他的雇主缴纳的10倍。大萧条使他陷入暂时的困境，但后来证实这是因祸得福。

这项成功商业的开端其实就是一个想法！

我很荣幸当初给这位失业的销售员提供了这个想法，我现在更荣幸提出其他的建议。这些建议有可能带来更多收入，还可能解救成千上万名急切需要这项服务的人的燃眉之急。

这个想法就是建议当初这位销售人员放弃销售，转而从事批发记账业务。当这个计划被提出时，他立马惊呼："我喜欢这个主意，但是不知道怎样去实现它。"也就是说，当初有了这个主意之后，他曾抱怨过不知道如何营销自己的记账知识。

对于这一个亟待解决的问题，一位年轻的女打字员提供了帮助，她的书法很好，而且能把事情讲清楚，于是一本小册子出炉了，它讲述了新记账系统的各种优点。它们打印整洁而且粘贴在寻常的剪贴簿里，就像一位推销员，十分生动、有效地描述了这项新业务，后来为它的主人带来了繁忙的业务量。

全美有成千上万的人们需要这样的营销专员服务，这位专员必须有能力制作一份精美的个人服务推销简报。这项服务所带来的年收入总和可能会轻易超过最大就业中介的收入，而且这类服务给买家带来的利益远比他们从就业中介那里所获得的要大。

这里讲述的这个想法是在必要的情况下诞生的，是为了处理危急情况，但它并未止步于为一个人提供服务。提出这个主意的女士有着丰富的想象力。她看到自己思想的产物正打造一个新职业——为成千上万需要个人营销服务的人提供切实可行的指导与咨询。

这位女士受到了初次成功的鼓舞，"营销个人服务的精心方案"，她立马帮助刚毕业但没有找到工作的儿子解决了一个类似的问题。为她儿子想出的推销服务方案是迄今为止我见过的最出色的方案。

推销簿完成了，它涵盖了50页字体精美、排版工整的信息，内容讲述了她儿子的才能、学历、个人经历，以及其他方面丰富多彩的个人信息。推销簿里面详细描述了她儿子的意向职业，而且还配有一幅漂亮的单词图画，表明他为什么适合这个职业。

准备这本推销簿耗费了数周的劳动，在这期间这位女士几乎每天送她儿子去公共图书馆，以获取推销她儿子服务的信息。她还送他儿子去见他意向企业的所有竞争对手，并从中得到了其业务经营的重要信息，这些信息对于他寻找适合的职位具有重要的价值。这个计划完成后，他已经整理了许多对意向企业有用而且有力的提议（最后这家企业也采用了这些建议）。

有人可能会问："不就是找份工作，干吗这么费劲？"答案显而易见，因为服务数百万人是他们的唯一收入来源。

答案是,"做好一件事永远都不会是麻烦!"这位女士帮助她儿子准备方案,帮他在初次面试中就获得了工作,而且工资由他自己决定。

而且——重要的是——这个职位并没有要求这位年轻人从底层做起。他刚入职便担任初级主管,拿着主管级别的薪水。

你还会问"干吗费这么大劲儿"吗?

首先,这位年轻人精心准备的求职陈述帮助他少奋斗 10 年,"站在如此高的起点,而后一飞冲天。"

从底层做起,逐步上升的想法可能看起来比较可靠,但是最大的反驳是,很多从底层做起的人后来永远都没能爬升到足够高的位置,也就没看到机遇,只好留在了底层。你应该牢记,底层的前景并非光明,也不鼓舞人心。它可能会消磨人的意志。我们称之为"逐渐生锈",这意味着接受命运。

丹·哈尔品就是一个最佳的例子。在学生时代,他是 1930 年全国足球冠军队的经理,当时球队的教练是克努特·罗克尼。

或许他受到了足球教练的启发,一开始就志存高远,不认为暂时的挫折就等于失败,正如工业巨鳄卡内基鼓励他年轻的助手要有大志向。不管怎样,年轻的哈尔品最终在这样不利的时期还是完成了学业,当时的大萧条令无数人失业,在投资银行和动画电影初试身手后,他投身于充满前景的职业——销售电子助听器,收取佣金。哈尔品清楚这份工作几乎没什么门槛,但这已经足以打开他的希望之门。

在近两年的时间里,哈尔品继续做着自己不喜欢的工作,如果只是放任自己的不满,听之任之,那么他永远不可能有所突破。起初,他一心想得到公司销售副经理的职位,后来他成功了。这一步使他脱颖而出,并得到了更大的机会，与此同时，这使他被提升到机遇能发现他的位置。

哈尔品的助听器销售业绩十分突出，所以吸引了公司的竞争对手——录音电话产品公司董事长安德鲁斯的注意。安德鲁斯想知道这个叫作丹·哈尔品的男人是如何抢走了业内历史悠久的录音电话公司的生意。他派人去请哈尔品来面试，当面试结束后，哈尔品被任命为录音电话公司助听器部门的新销售经理。后来，为了检验年轻人哈尔品的真材实料，安德鲁斯先生前往佛罗里达待了 3 个月，任由哈尔品在新岗位上沉浮。哈尔品没有沉下去！球队教练克努特·罗克尼"胜者为王，败者为寇"的精神鼓舞他全力投入这份工作，不久后他当选为这家公司的副董事长兼助听器与无声音响部门的总经理，这份工作本需要付出 10 年的努力才能获得，但哈尔品只花了短短半年便做到了！

很难说清楚，安德鲁斯先生或者哈尔品先生哪个更值得称颂，因为事实证明两人都拥有一种难得的品质——想象力。安德鲁斯看到了年轻的哈尔品身上积极进取、勇攀高峰的精神，所以他理应被称颂。而哈尔品拒绝接受一份不喜欢的工作，拒绝向生活妥协，这是我一直以来在成功学里强调的重点——我们之所以上升到更高的位置或者留在底层，在于是否渴望去掌控那些自己能够掌控的条件。

我还想强调一点，就是成功和失败在很大程度上取决于习惯！

丹·哈尔品接受过美国史上最伟大的橄榄球教练的训练，教练已在他心中培植了超越自己的欲望。

我坚信人脉的重要性，不论对于成功还是失败，而我的儿子布莱尔最近与哈尔品的接触印证了这种重要性。布莱尔希望从哈尔品那儿得到一个职位，哈尔品先生给他的薪水只有对手公司的一半。我以父亲的身份，向布莱尔施加压力，让他接受哈尔品先生提供的职位。因为：我坚信跟随一个拒绝向不喜欢的生活状态妥协的人，是一笔用金钱无法衡量的财富。

对于任何人而言，底层都是单调、枯燥而且挣不到钱的位置。这就是为什么我耗费如此多的时间来描述那些起点较低的人是如何运用可行的计划向上走一步。这也是为什么笔者花了这么大篇幅讲述这位女士如何受到规划的启发，为了帮助她儿子实现"突破"而创造了一个新行业的故事。

伴随世界经济危机带来的诸多变化，是对更新更佳的营销个人服务的需求。鉴于很多方面的个人服务都能带来更多的金钱，很难断定为什么之前没有人发现这项巨大的需求。

人会从这个简短的想法里发现他所渴望的财富。想法往往是培育巨额财富的温床。比方说，伍尔沃思 10 分钱零售店的主意，刚开始可能价值不大，但后来却为伍尔沃思带来了一笔巨额的财富。

从这项建议里发现机遇的人可能会在"精心规划"这章里找到有价值的帮助。一位提供高效的个人服务的商人总能从服务市场里发掘出日益增长的服务需求，通过应用"智囊团"法则，几个拥有才华的人能够组成一个联盟，可以开业后很快赚取利润。智囊团成员包括一个文笔不错，而且懂得宣传和销售的人，再加一个精通排版和书写的人，还有一位业务一流的营销员。如果一个人拥有了这几项能力，那他可以单干，直至业务扩张，需要更多人手。

这个为儿子精心准备"个性服务销售计划"的女士现在受到全美各地的邀请，那些渴望推销个人服务的人希望她也能为他们制订类似的方案。她拥有专业的打字员、设计师和写作人员队伍，他们能有效地包装个人经历，从而以高于主流市场的价格推销这些个性服务。她对自己的能力充满自信，所以她收取了顾客升值部分的佣金作为包装费用。

不要想当然认为这位女士的方案仅仅只有聪明的推销术，无非她帮助了无数人获得更高的收入。她关注买家和卖家的利益，在她的方案下，雇主虽然多付了钱，但是得到的人力资源却物超所值。这个助她赢得巨大成功的方法是一个商业秘密，除了客户，她谁也不告诉。

如果你拥有想象力，而且正寻找推销自己个性服务的盈利方式，这条建议会成为你追寻的动力。这个想法所产生的收入比那些 10 年寒窗的普通医生、律师和工程师的收入多得多。对于那些跳槽者，以及那些渴望在现有岗位上增加收入的人而言，这个想法屡试不爽。

成熟的想法永远没有一个固定价格！

正是因为这个道理，那些有能力帮助人们更好销售个性服务的人，拥有很大市场和持续的机遇。能力意味着想象力，而这种品质需要将专业知识与想法相结合，这种结合的方式便是为致富打造精心的计划。

如果你拥有想象力，那么本章为你提供的想法足以作为致富的起点。请牢记，想法才是关键。专业知识可能就在角落里——任何角落！

第六章
想象力

致富第五步

想象力就是人们创造所有计划的工作室。冲动和欲望都是在内心想象力的帮助下形成、组织并行动。

据说人可以创造他想象中的一切。

在人类历史文明的长河里，这是想象力最有利的发展时期，因为这是一个快速发展的年代。人们可以从任何方面受到激励，从而发展想象力。

在这种想象力的帮助下，人类在过去 50 年里发现、利用的大自然力量比之前整个人类历史利用的力量还要多。人类完全征服了大气层；利用空气，使其成为世界各地及时沟通的手段；分析并计算出太阳的质量，而且在想象力的帮助下，确定了太阳的组成成分；发现了自己的大脑既是思想传播的发射站，也是思想的接收站，而且人类如今正开始学会如何在实践中运用这一发现。人类提高了旅行的速度，如今能以每小时 300 英里的速度旅行。早餐在纽约、午餐在旧金山的时代不久也将到来。

人类唯一的局限在于对想象力的开发程度。人类还没有达到开发想象能力的高峰。人只是知道自己拥有想象力，而且开始对想象力进行最初的使用。

两种形式的想象力

想象力以两种形式进行运作。一种是已知的"综合想象"，另一种是"创意想象"。

综合想象：借助这种能力，人可以将旧的概念、想法和计划形成新的组合。这种能力并不存在任何创造。它仅仅作用于那些由经验、教育和观察所滋养的思想。这是发明家用得最多的能力，"天才"是个例外，当他无法利用综合想象来解决问题的时候，就会从创意想象中总结学习。

创意想象：借助创意想象能力，人类有限的心灵能与无穷智慧直接沟通。这种能力使人接收"奇思妙想"与"灵感"。这种能力将一切基础而且新颖的想法传达给人类。

通过这种能力，人还能接收从他人内心输出的思想。通过这种能力，个人可以"收听"，或者直接与他人的潜意识直接沟通。

创意想象通过下列方式自行运作。只有当意识心灵以超高速振动，比如，当意识心灵受到强烈欲望情感的激励，这种能力才会起作用。

创意想象更善于接受上述思想，并与开发程度成正比。这句话意义深远！好好回味一下这句话，然后再往下读。

当你遵循这些法则的时候，请时刻牢记，欲望转化为财富的整个过程不可能用一句话就能概括。只有当你掌握、消化并尝试实践所有法则的时候，这个过程才会完整。

那些商业、工业和金融巨头以及伟大的艺术家、音乐家、诗人和作家之所以伟大，就是因为他们开发了自己的创意想象能力。

综合和创意想象力会越用越灵敏，正如肌肉和身体器官越用越灵活。

欲望仅仅是一个想法、一股冲动，它朦胧而且短暂。在欲望转化为物质之前，它是抽象而且毫无价值的。虽然在欲望转化为金钱的过程中，人最频繁使用的是综合想象，但有一个事实你必须铭记于心，就是你也会遇到需要创意想象的情形。

你的想象力在不作为的情况下会逐渐弱化。如果积极利用，它便会恢复生机并且变得灵敏。这种能力不会消失，尽管长期不用它会变得死气沉沉。

从现在起，把注意力集中到开发综合想象上，因为在欲望转化为金钱的过程中，你更多情况下会使用的是综合想象力。

将无形的冲动、欲望转化为有形的金钱，需要践行一个甚至好几个计划。这些计划必须在想象力的帮助下，而且主要是在综合想象力的帮助下形成。

读完这本书后，再回到这章，立即开始发挥你的想象，制订出一个或者好几个将思考转化为财富的方案。关于如何制订计划，几乎每一章都讲述了细节。选择最适合个人的指示，如果你还没有在纸上写下你的计划，那么你得马上这么做。写出来意味着你已经赋予无形的欲望以具体的形态。大声朗读你写下的字句，语速要慢。请牢记写下实现欲望方案的时候，你实际上已经迈出了致富第一步，这能帮你成功地将思想转化为物质。

大家所生活的这个地球、群体、个人和每种物质构成的事物都是进化的结果，通过进化，微观的物质以一种有序的方式组织与排列。

而且——这句话意义非凡——这个地球、你身上数十亿细胞里的每一个，还有物质的每一个原子，刚开始都是以一种无形的能量形式而存在。

欲望是思想的冲动，思想冲动是能量的形式。当你有思想冲动、欲望去积累财富的时候，你已经开始利用某种"原料"，正是用相同的原料，大自然创造了地球，创造了宇宙里的一切物质形式，包括产生思想冲动的身体和大脑。

目前科学所能确定的就是：整个宇宙包含两种要素——物质和能量。通过能量和物质的结合，宇宙创造了人类可感知的一切事物，大到苍穹中的恒星，小到人类自身。

你现在的任务就是借助大自然的方法获益。我们希望你努力适应大自然的规律，尽力将欲望转化为物质或财富。你能做到！这已有先例！在永恒不变的自然规律的帮助下，你能够积累财富。但是，首先你必须了解这些自然规律，并且学会利用它们。笔者一遍遍重复，而且从能想到的各种角度描述了这些法则，就是希望告诉你累积巨额财富的秘密。听起来可能很奇怪甚至自相矛盾，但是这个"秘诀"根本就不是秘密。大自然，通过我们居住的地球，通过我们可感知的恒星和行星，通过我们上空与周围的各种物质，通过每一棵青草，通过人所了解的每一种生命形式，告诉了我们这个秘密。

大自然通过生物学的形式告诉我们这个"秘诀"，大自然把比针眼还小的微小细胞转变为正在读这行字的人类。那么，将欲望转化为物质也必然没有那么神秘！

如果你还没有完全理解上述段落，不要灰心。除非你长期以来一直学习心灵方面的课程，否则并不指望你第一遍读的时候就能完全消化。

但是，你定会取得进展。

接下来的这些法则将为你打开理解想象力的大门。当你初次学习这门学问的时候，尽力去消化那些已经理解的部分，然后当你再次阅读与学习的时候，就能发现有些地方变得清晰，而且对整体会有更深的顿悟。

总之，在学习这些法则的过程中，不要半途而废，也不要有所迟疑，直到阅读这本书三遍以上，你就不再有放弃的念头了。

如何实践想象

想法是一切财富的起点，想法是想象的产物。让我们来探讨那些创造巨额财富的著名想法，希望这些案例能给读者关于想象致富具体方法的确切信息。

着魔的壶

半个世纪前，一名年老的乡村大夫赶着马车前往城镇。他拴好马，悄悄地从后门溜进一家药店，然后开始与年轻的柜台伙计谈起生意来。

他的使命注定将给无数人带来财富，注定给南北战争后的南方带来最广泛的利益。

这位老大夫和伙计在柜台后面小声地谈了一个多小时，然后离开了药店。他回到马车上，取下一个老式的大壶和一根大木片（用来搅拌壶里的东西），然后将这两件东西存放在药店后面。伙计检查完壶，然后伸进内口袋，掏出一卷钞票递给老大夫。这卷钞票足有 500 美元，是那个伙计的全部身家！

老大夫则递给伙计一张小纸片，上面写着一个秘方。这张纸上的字，其价值抵过国王的赎金，但对这位老大夫的价值并非如此。纸上具有魔力的字，能使壶沸腾起来，只是老大夫和这位年轻伙计都不知道这个壶里将流出滚滚财源。

老大夫乐呵呵地以 500 美元卖出了这个秘方。这笔钱足以偿还他的债务，而且带给他心灵的自由。年轻的伙计则把全部家当赌在一张纸和一把旧壶上！他做梦都没想到对这把旧壶的投资能带来源源不断的财源，几乎超过阿拉丁神灯的魔力。

这个伙计真正买到的是一个想法！

这把旧壶、一块木片和小纸片上的秘方都只是附带物品。当旧壶的新主人开始把秘方与老大夫毫不知情的一种原料混合，这把旧壶便产生了神奇的魔力。

仔细品读这个故事，好好发挥你的想象力，看看你能否发现这位年轻伙计在秘方里加了什么，以至于旧壶源源不断地流出财富。请牢记，你读的这个故事并不是《一千零一夜》里的神话故事。这是一个真实的故事，比小说更离奇。它始于一个想法。

我们来看看这个想法所产生的财富有多大。这个想法创造的财富至今仍然造福世界各地的人们，他们将壶里的东西分销给数百万的人们。

这把旧壶现在是世界上最大的蔗糖消费者之一，为种植、加工并营销蔗糖为生的人提供了成千上万份固定的工作。

这把旧壶每年消费数百万个玻璃瓶，为玻璃厂工人创造了大量的工作岗位。

这把旧壶为全美无数的店员、速记员、打字员和宣传专员提供了就业岗位。它曾使数十位创作这种产品的宣传海报的艺术家名利双收。

这把旧壶使美国一个南方小城成为整个南方的商业中心，如今它仍然直接或间接给这个城市的每位居民和每家企业带来收益。

这个想法影响世界上每一个文明国家，所有触碰过这把旧壶的人都能得到滚滚财源。

这把旧壶流出的财富还建立并维持了南方一所知名的高等学府，成千上万名莘莘学子在那儿接受通往成功之路的培训。

这把旧壶还铸造了其他传奇。在整个大萧条期间，当工厂关门，银行和企业相继倒闭，这把魔力之壶的主人仍旧继续前行，为全世界不计其数的人们创造了持续的工作岗位，而且带给很久之前信仰这个想法的人额外的财富。

如果这把旧壶的产品能说话，它定会用各种语言讲述无数令人惊心动魄的传奇故事——爱情传奇、商业传奇，以及每日受它激励的专业人才的传奇。

笔者至少对一个传奇故事十分确定，因为笔者就是故事的主角，这个故事开始于药店伙计购买旧壶的那个地方的不远处。在那儿，笔者遇到了自己的妻子，她是第一个告诉笔者神奇旧壶的人。当时他们喝着旧壶的配方所制造的饮品，然后笔者便对妻子求婚，她答应了。

现在，你清楚这把神奇旧壶的里面是一种世界闻名的饮料，笔者大方地承认这种饮品的故里赐给他一位妻子，而且这种饮料给了他思维的灵感，完全不需要酒精的作用。这种饮料给了一位作家最佳的工作状态和清醒的头脑。

不管你是谁，不论你身处何方，不论是职位高低，以后每当你看到"可口可乐"的商标，请记住这个缔造财富帝国与全球影响力的饮品从一个想法中诞生，而那位药店职员——阿萨·坎德勒在秘方里加入的原料便是——想象力！

停下来，认真思考一会儿。

同时还要记住，本书描述的致富十三步，都是一种媒介。可口可乐通过这个媒介，将它的影响力扩散至世界上的每个城镇、村庄和十字路口。任何如可口可乐一般合理而具有价值的想法，都有可以复制这个世界性解渴饮品的辉煌纪录。

诚然，想法的确有用，而实践想法的舞台便是世界本身。

假如我有100万美元

这个故事讲述了一个亘古不变的真理，"有志者，事竟成"。我敬爱的教育家和牧师、已故的弗兰克·刚索勒斯曾告诉我这句话，他的布道生涯始于南芝加哥的牧场。

当刚索勒斯博士前往高校演讲时，他注意到我们教育系统的缺陷，他认为自己当了校长就能够矫正这一缺陷。他内心最深层的欲望就是成为一所高等学府的领导者，在这所学校里男孩女孩都能"从实践中学习"。

他下定决心自己创办一所新院校，一所秉承其教育理念的学校，一所没有传统教育理念缺陷的学校。

他需要100万美元的项目资金！可去哪儿筹这么一大笔钱？这位雄心勃勃的年轻牧师因此绞尽脑汁。

他看似没有取得任何进展。

他每晚睡觉的时候想这个问题，早上起床也在想，无论身在何处都在思考。这个想法在他脑子里一遍又一遍重复，后来简直成了痴迷。100万美元可不是一笔小数目。他意识到这个现实，但深知一个道理，只有自己内心才能设限。

身为哲学家和牧师的刚索勒斯博士意识到，正如所有成功人士那样，拥有一个确切的目标才是成功的起点，他还意识到当确切的目标背后有一股强烈的欲望，那么人的行动、生命和力量都将铆足劲去实现这个目标。

他清楚这些大道理，但是不知道该从何处着手。正常的过程一般是放弃，而且告诉自己："好吧，就算我的想法不错，可我什么也做不了，因为我没法儿得到100万。"这正是大多数人的说辞，但是刚索勒斯博士却没有这么说。他的言行具有重要的意义，所以笔者接下来直接引用他的原话如下：

一个周六下午，我待在房间里，想着如何筹钱去实现计划的种种方法与手段。近两年时间里，我一直在思考，我除了思考之外什么都没做。

行动的时机到来了！

我当场便下定决心，我要在一周时间内筹到这100万美元。具体怎么做呢？我根本不担心这个问题，重点在于我做出了在确定时间内筹到钱的决定。我想告诉你的是，当我做出一周内筹到钱的决定的那一刻，全身充满了一股神奇的自信感，我之前从未有过如此体验。内心深处似乎有个声音在对我说："你为什么不早一点做出这个决定？这笔钱老早就在等你了！"

所有事情立马开始运转起来。我打电话给报社并宣布在翌日清晨将开展题为"如果我有100万美元"的布道。

我随即前去布道，但我得告诉你，这个活儿并不难，因为我筹备了近两年时间。布道背后的精神也是我个人的一部分！

在午夜前，我便写好了布道。我躺在床上，满怀信心地入睡了，因为我能看到自己拥有百万美元。

翌日，我起了个大早，走进浴室，大声朗读布道，然后跪下双膝，向主祈祷：请求我的布道能够吸引他人的注意，愿意捐助这100万。

当我祈祷的时候，那种自信感再次涌上心头，我确定这笔钱即将到来。我满怀欣喜地出门，忘了带上写好的布道，直到我站上讲坛，才意识到自己的疏忽，但此时我即将布道。

已经来不及回家拿我的笔记，这反而成为我的福气，因为我的潜意识已经生成了我需要的材料。当我开始布道的时候，我闭上双眼，全身心地倾诉自己的梦想。我不仅在对听众讲话，更是幻想在与上帝对话。我告诉他如果我手里有100万美元，我将会做什么。我讲述了建造一所伟大的教育机构的计划，在这所学校年轻的学子将学会实践，并从实践中开发自己的心智。

当我完成布道，坐下休息的时候，一个男人缓慢地从座位上站起来，大概是倒数第三排的位置，然后径直朝讲坛的方向走来。我不清楚他的用意。他来到讲坛，伸出手，然后对我说："牧师，我喜欢您的布道。我相信如果有那100万，您能实现任何您想做的事。为了证明我相信您及您的布道，请您明早来我的办公室一趟，我会给您这100万。我是菲利普·D.阿莫尔。"

年轻的刚索勒斯来到阿莫尔先生的办公室，发现这100万已经为他准备好了。刚索勒斯用这笔钱创建了阿莫尔理工学院。

大多数牧师一辈子都没有亲眼见过这么一大笔钱，但是这位年轻的牧师就在瞬间产生了筹集100万的想法。筹到所需的100万美元是因为一个想法。而这个想法背后则是年轻的刚索勒斯耗时两年酝酿的一股欲望。

请注意这个重要的现实……刚索勒斯内心做出决定并明确实施计划后

的 36 小时内得到了这 100 万！

年轻的刚索勒斯关于百万美元的模糊想法，既不新鲜也不独特。前人与他同时代的人都曾有过类似的想法，但新颖的地方在于刚索勒斯在那个周六所做出的决定，当时他审视了想法的模糊性，然后坚定地对自己说，"我会在一周内得到这笔钱！"

对于那些清楚自己所要、而且下定决心去实现的人，上帝似乎总是站在他们一边。

正如牧师如此成功地使用了这条普遍规律，它如今仍然适用。刚索勒斯博士为了得到这 100 万所应用的法则仍然存在，你能够得到它！这本书将循序渐进地描述这条法则的十三种元素，并给出具体应用的建议。

请注意，可口可乐之父阿萨·坎德勒和阿莫尔理工学院创始人弗兰克·刚索勒斯博士都有一种共同的品质，他们都了解一个惊人的真理——确切目标加上确切的计划能将想法转化为金钱！

如果你和某些人一样，相信勤劳、诚实和自力更生能带来财富，赶紧打消这个念头！这不是真的！当你拥有大笔财富的时候，这绝不是勤劳的结果。财富如果来，那是因为基于确定法则的应用，而不是碰运气或者偶然。

通常，想法指的是一种思想冲动，借助想象力促使我们行动。所有的销售行家都清楚商品可以卖不出去，但想法可以卖出去。普通销售员认识不到这点——这就是为什么他们如此"普通"的原因。

一位出版商以 5 美分的单价出售图书，他发现这些书的价值总体来说应该远不止如此。他了解到多数人买书就是买个题目，而不是内容。他仅仅更改了书的标题，连位置都没有挪动，一本书的销量迅速上涨至 100 万册以上。其实这本书换汤不换药。他只是撕掉了卖不出去的封面，然后换上一张带有"吸睛"标题的新封面。

上述案例看上去如此简单，其实就是一个想法！这也是想象力！

想法不明码标价。价格由想法的创造者自己确定，如果他足够聪明，就能得到这个价格。

电影业产生了大量的百万富翁。他们中的大多数其实都没有创造想法——但是——他们拥有发现并认可想法的想象力。

下一批百万富翁将从广播行业中诞生，这是一个崭新的行业，需要富有创造力的人才。那些发现或者创造新颖广播节目，并拥有慧眼，能使广播听众从节目中获益的人，将会财源广进。

赞助人，所有广播"娱乐"节目的倒霉冤大头，将会逐渐清醒，要求回报。那些抢先赞助人一步，给节目提供服务的人将成为这个新行业里的翘楚。

如今，低声吟唱的歌手与喋喋不休说俏皮话与傻笑的艺术家污染了空气，他们将重蹈覆辙，他们的地位将会被那些精心规划节目的真正艺术家所取代。真正的艺术家寓教于乐，帮助大众陶冶身心。

因为缺乏想象力，机遇的大地上充斥着怒吼，抗议自己被任人宰割，并祈求救助。广播行业如今最需要的便是新想法。如果这片全新的机遇领域令你着迷，或许你可能会从下列建议中受益，即未来成功的广播节目将更关注打造"付费"听众，不仅仅局限于"普通"听众。简单来说，未来成功的广播节目出品人必须发掘出切实可行的方法，将"普通听众"转化为"付费听众"。而且，未来成功的广播节目制作人还必须在节目中加入个人特色，这样才能在听众中产生效应。

赞助人现在也有点害怕买到那些哗众取宠的脱口秀节目，其言论基本都是毫无根据。他们要求无可争辩的证据来证明未来这档节目不仅要把上百万听众逗乐，而且还要从这乐子里卖出商品！

正打算进入这片崭新机遇领域的人，最好有这样清楚的认识：广播广告将会是一群新面孔的天下，这些行家不同于旧时代那些报纸杂志的广告代理商。旧时代的广告玩家已经无法适应当代的广播脚本，因为他们受训只能"看见"想法。新的技巧要求他们从脚本里根据声音解读想法，这需要作者本人一整年的辛勤耕耘，以及上万美元的学费。

广播现在所处的位置好比当年的电影，那时的电影明星玛丽·璧克馥和她秀丽的卷发首现银幕。广播业给那些能创造并且识别想法的人大展拳脚的机遇。

如果上述关于广播业机遇的论述未能激发你的思想，那你最好把它抛之脑后。你的机遇在其他的领域，如果上述论点激发了你的些许兴趣，那你应该更进一步，然后就会发现你实现事业的那个想法。

就算你没有广播行业的经验，也永远不必气馁。钢铁大王卡内基根本不懂怎么制造钢铁——他亲口所说——但是他充分运用本书中描述的两大法则，从而缔造了自己的钢铁王国，成为一代富豪。

几乎每笔巨富的故事都始于想法创造者与想法销售者走到一起、和谐共事的那一天。卡内基身边总是被这样一群人围绕，他们能做卡内基不会做的事情。创造想法的人，把想法付诸实践的人，这些人使得卡内基与他们自己都富得流油。

上百万的人都在"突破"的渴求中度日。或许一次有力的突破能给人带来机会，但是最保险的方案不是靠运气。正是一次有利的"突破"给了我人生中最大的机遇——但是，在成为一笔资产之前，必须投入 25 年的辛劳。

这次"突破"带给我的好运包括与卡内基先生的会面与合作。那次会面中，卡内基先生在我脑中灌输了梳理成功学法则的想法。成千上万的人已经从这 25 年的研究发现中获益，而且不少财富在运用这些法则的过程中累积。起点其实很简单，就是一个大家都能想到的想法。

这次突破得益于卡内基先生，但意志力、确定的目标、实现目标的欲望以及 25 载锲而不舍的努力起到了什么作用呢？正是这种非同寻常的欲望，它能够熬过失望、灰心、暂时的挫败、批评的声音，以及"浪费时间"的不断提醒。这是一股强烈的欲望，一个痴迷！

当卡内基先生首次在我的内心灌输这个想法时，这个想法就一直得到悉心照料、强化，进而愈加鲜活。慢慢地，这个想法成为能量的巨人，它反过来说服、照料并且激励我。想法就是如此。首先你赋予想法生命、行动与指导，然后它们会发挥自身的能量并且驱逐敌人。

想法是无形的能量，而且比培植它们的大脑拥有更多的能量。尽管培植想法的大脑终会归于尘土，但是它们拥有持续生长的能量。比方说基督教的能量，它产生于一个简单的想法，诞生于基督徒的大脑中。它的首条教义是："己所不欲，勿施于人"。基督已回归本原，但是其想法仍然流芳百世。有一天，它会成长、壮大，最终完成基督最深层的心愿。这个想法迄今才发展了两千年。让我们拭目以待！

成功从不需要解释
失败不容许借口

第七章
周密计划

致富第六步

你已经知道人类所创造或者获得的任何东西,都是以欲望的形式为开端,然后抵达想象力的工作坊,在这里转化成计划。

在第二章,笔者指导你采取六大明确、实际的步骤,实现对财富的欲望。其中一步是形成一个明确、实际的计划,或者几个计划,通过计划实现这样的转换。

现在,笔者指导你如何制订切实可行的计划,即:

(1)与能够满足你创建计划需求的小组结盟,并实施你累积财富的计划——使用下一章里提到的"智囊团"法则。遵循指导是绝对关键的。不要忽视它。

（2）在组成"智囊团"之前，决定你能够给组内每位成员提供什么优势与利益，以换取他们的合作。没有人能够无休止地工作，如果没有某种形式的补偿。没有哪位智者会要求或者期望他人在没有获得充分回报的条件下工作，尽管这种回报可能并非总是金钱。

（3）每周定期安排与你的"智囊团"小组会面两次，如果可能的话可以增加次数，直到你们共同完善了积累财富的必需计划。

（4）与你的"智囊团"每位成员保持美好、和谐的关系。如果你不严格地遵循指示，你就可能遭遇失败。如果缺乏美好、和谐的小组关系，就无法运用"智囊团"法则。

牢记以下事实：

第一，你正进行一项对你十分重要的事业。为了保证成功，你必须想出无瑕的计划。

第二，你必须利用他人的经验、教育、天赋和想象力。这是每位积累巨额财富的人采用的方法。

没有他人的合作，任何人都不具备保证积累巨额财富的充足经验、教育、天赋和知识。你采用的致力于积累财富的每个计划，都必须是你和"智囊团"每位其他成员共同的创造。你可能有原创的计划，不论是整体的或者局部的，但要保证这些计划必须获得你的"智囊团"成员同意。

如果第一个计划不成功，就换一个新计划，如果还是不起作用，再换，直到你找到一个发挥作用的计划。此处指明了多数人失败的原因，因为他们缺乏毅力，不能采用新计划去取代不成功的计划。

没有切实可行的计划，就算最聪明的人，也没法成功地积累财富，也没法完成其他事业。牢记这个现实，当计划失败的时候，记住暂时的挫败并不代表永远的失败，只能说明你的计划不够周到。打造其他的计划，一切重新开始。

爱迪生在成功发明白炽电灯泡之前，失败了上万次。这说明在他的努力取得成功之前，他经受了上万次暂时的挫败。暂时的挫败只代表一件事，就是你的计划存在问题。上百万的人过着贫穷的生活，就是因为他们缺乏积累财富的周全计划。

汽车之父福特积累了巨富，不仅因为他有超常的心智，而且因为他采用并遵循了一个周到的计划。我们可以找出一千个学历比福特高、但却过着贫困生活的人，因为这些人并没有积累财富的正确计划。

你的计划如果不够周到，那么你的成就也不会太大，这似乎是自明的真理。通用电气创始人之一塞缪尔·英萨尔丢了1亿多美元。英萨尔的财富建立在周全计划基础之上，但经济大萧条迫使英萨尔改变计划；这一改变给他带来了"暂时的挫败"，因为他的新计划并不周到。英萨尔先生如今已年迈，他可能最终会接受"失败"而不是"暂时的挫败"。但如果他的经历是失败，原因一定是他缺乏重塑计划的毅力。

只有当人的内心放弃的时候，他才会被当头棒喝。

笔者将会不断重复这一事实，因为人很容易就把挫败的最初迹象当真。

詹姆斯·J.希尔当他首次筹资建设一条连接东西部的铁路时，遭受了暂时的挫败，但是他通过实施新计划，将挫败扭转为胜利。

福特也遭遇过暂时的挫败，不仅在他汽车生涯的开端，而且在他成功之后也是如此。但每次失败反而促使他制订新的计划，继续前行，直至取得金融上的胜利。

对于那些积累了巨额财富的人，我们通常只会注意他们的成功，却忽视了他们成功前必须克服的挫败。

成功学的追随者不能期望不经历"暂时的挫败"就能积累财富。当挫败来临时，就把它当成你的方案不够周全的信号，重新制订计划，并朝着你的远大目标再次扬帆起航。如果没实现目标之前就放弃，那你就是"半途而废的人"。半途而废的人永远不会成功，成功的人绝不会半途而废。摘出这句话，把它写在一小片纸上，大概一英寸的高度，然后把它放到你每晚睡觉前、每早上班前能看见的地方。

当你开始为你的"智囊团"挑选成员时，一定要选择那些并不在意挫败的人。

有的人愚蠢地认为只有钱才能生钱。这当然不对！

将法则转为金钱的欲望也是能"生"钱的媒介。钱本身只是惰性物质。它不能移动、思考或者说话，但是它能"听到"人对它的欲望和呼唤。

规划服务销售

本章的剩余部分将探讨推销私人服务的各种方法与途径。此处传达的信息旨在帮助人们切实可行地推销私人服务，但对于那些渴望得到职场领导地位的人而言，这条信息将给他们带来无价好处。

明智的规划是事业成功的关键。你会在下文里找到旨在通过销售私人服务积累财富的详细指导。

所有巨额财富都始于推销私人服务或者想法，知道这点你会倍受鼓舞。除了想法与私人服务，这些没有财产的人还拥有什么其他东西能换取财富吗？

总体而言，世界上存在两种类型的人。一种人是领导，另一种则是追随者。在一开始的时候，你就要决定在所选择的事业里，你想成为领导者还是作为追随者。两者的报酬天壤之别。追随者不能期望拿到领导者的报酬，这是很多追随者都会犯的错误。

当一名追随者并不令人耻辱。但另一方面，总当追随者获得不了名誉。大多数伟人都从追随者开始做起。他们之所以最后成为伟大的领袖，是因为他们是聪明的追随者。不能明智地追随领导者的人，不可能在日后成为一位高效的领导者。高效地追随领导者的人，通常也会快速地培养领导力。一位明智的追随者有许多优势，比如获得从领导那儿学习知识的机会。

领导力的主要特质

领导力的重点要素如下：

1. 建立在自我认知和职业认识基础上的坚定决心。没有任何追随者愿意接受一个缺乏自信与勇气的领导支配。任何明智的追随者都不会长时间地甘于其下。

2. 无法掌控自我的人，永远也无法掌控别人。自我掌控为你的追随者树立了很好的榜样，那些最聪明的追随者很快就会效仿。

3. 强烈的正义感。如果缺乏公平与正义，没有领导者能够赢取并维持下属对你的尊重。

4. 决断力。优柔寡断的人，自己都不相信自己，更无法成功地领导他人。

5. 计划的明确性。成功的领导必须规划自己的工作。一个做事天马行空的领导者，缺乏切实可行和明确的计划，就像一艘无舵的船，触礁是迟早的事。

6. 多做事少索取的习惯。算是对领导的惩罚之一，领导必须任劳任怨，比下属多做事。

7. 个性和蔼可亲。没有懒散、马虎的人能成为一名成功的领导。领导力需要尊重。追随者是不会尊敬个性不讨喜的领导者。

8. 同心情与理解。成功的领导必须对追随者具有同情心，而且，他还必须理解追随者和他们的问题。

9. 细节掌控。成功的领导需要对工作中的每处细节了如指掌。

10. 承担全部责任的意愿。成功的领导者必须甘于为下属的错误与缺点承担全部责任。如果试图推卸责任，他就无法继续担当领导。如果下属犯错，体现出自己的无能，那么领导者应该考虑自身是不是出了问题。

11. 合作。成功的领导必须善解人意，引导下属精诚合作。领导力需要力量，而力量需要合作。

有两种形式的领导力。第一种，也是目前最高效的认可型领导力，它得到下属的支持。第二种是强力型领导力，它得不到下属的认可与支持。

历史的诸多证据表明，强力型领导力不可能持久。"独裁者"、帝王的沉沦与消失便是证明。人们不会永远被迫听从领导。

当今的世界已经进入领导者和下属关系的新时代，它呼唤新领导以及商业与产业领导力的新方式。那些属于老派的强力型领导要么理解新式的领导力（合作），要么把自己降格为追随者。

未来雇主和雇员的关系，或者领导者与下属的关系，将是基于业务利润平等分成的互相合作关系。相比于过去，未来雇主与雇员的关系更像是一种合伙人的关系。

拿破仑、德国的威廉二世、俄国的沙皇，以及西班牙国王都是强力型领导。他们的魅力已然逝去。在全美的商业、金融、劳工领域那些被罢免或者下台的前任领导人身上，你可以轻易地找到原型。下属唯一能够忍受的只有认可型领导！

人只是暂时被迫服从领导，但是他们绝不情愿。

领导力新要素涵盖本章描述的十一要素以及其他的要素。以这些要素为领导之本，会在任何领域找到丰富的机会。经济大萧条之所以延续这么长时间，很大部分原因是世界缺乏这种新型领导力。在大萧条末期，对新型领导力的需求远远大于供给。一些传统型的领导者将会自我更新，适应新型的领导方式。但总体而言，世界对新型领导人才仍然如饥似渴。

缺乏就是你的机遇！

领导失败的十大原因

现在我们来关注失败的领导者的主要错误，因为知道自己不该做什么与知道自己该做什么，二者同等重要。

1. 缺乏管理细节的能力。高效的领导力都具备组织与掌控细节的能力。没有哪位领导者因为"太忙"而不能做能力范围内要求他去做的事情。无论领导者或下属，因为"太忙"而无法调整方案或者忽视任何紧急的情况，都意味着承认自己办事低效。成功的领导必须掌控与职权相关的所有细节。这意味着他必须养成习惯，把部分细节指派给能干的左右手。

2. 不愿担当。真正的领导者，当情况需要时，会乐意承担任何他之前分配给其他人去做的工作。"你们中最棒的人也必须是所有人的公仆"，这条真理所有领导必须遵守。

3. 期望通过自己的知识而不是通过做事来获得报酬。这个世界永远不会因为你"知道"就酬劳你。世界给你酬劳是因为你做了什么，或者鼓励他人做了什么。

4. 畏惧来自下属的竞争。畏惧下属会取而代之的领导几乎会在不久看到他所畏惧的事发生。能干的领导会训练下属，分派任务。只有通过这种方法，领导才能分身，同时关注许多事情。靠领导他人获得报酬，远远多于自身单打独斗，这是一条永恒的真理。一名高效的领导，会通过个人对工作的知识和人格魅力，调动下属的积极性，提高他们的办事效率。

5. 缺乏想象力。没有想象力，领导者就没有预见紧急情况的能力，也无法设计指导下属的方案。

6. 自私。抢下属功劳的领导必然遭恨。真正的领导从不抢下属的功劳。下属得到荣誉只会让他倍感满足，因为他知道，相比金钱，称赞与认可会让下属更加努力工作。

7. 缺乏节制。下属不会尊重一个没有节制的领导，而且任何形式的放纵都会摧毁人的韧性与活力。

8. 不忠诚。或许这应该被列为第一条。对信托人、合伙人、上司或者下属不忠诚的人不可能长时间地维持领导力。不忠诚让你变得比地球上的尘土还渺小，而且饱受轻蔑。缺少忠诚是在各行各业的领导失败的主要原因。

9. 强调领导的"权威"。高效的领导采取用鼓励，而不制造恐慌。企图靠"权威"来震慑下属的领导就是典型的强力型领导。领导如果名副其实，他大可不必传播自己，除了通过行动——同情心、理解、公平，以及展示自己对工作的了解。

10. 强调头衔。能干的领导从不强调"头衔"来显示下属对他的尊敬。对头衔小题大做的人一般都没什么其他可以强调的长处。真正的领导，其办公室的大门永远朝你敞开，而且他的办公地不会讲求形式。

这些都是失败领导的通常原因。上述任何一个错误都足以导致失败。如果你渴望领导力，那就研读上述列表，保证自己不会犯这些错误。

急需"新型领导"的领域

离开这章之前，提请你注意，有些领域的领导力出现下滑，这些领域急需新型的领导者。

第一，政治领域一直都需要新型领导人物。大多数政治家似乎成为上流的合法骗子。他们增加赋税，败坏工商业，直到老百姓不堪重负。

第二，银行也正经历改革。这个领域的领导者几乎失掉了公众的全部信任。银行家早已注意到改革的需要，而且他们已经开始着手改革。

第三，行业需要新领导。传统的领导只从分红的角度思考问题，而不是从人人平等的角度。未来产业的领导者要想维持自己的领导力，必须把自己视作准公共事业的官员，不再通过严苛的管理来树立自己的威信。剥削产业工人已经成为历史。想成为商业、产业和劳工领袖的人必须记住这点。

第四，未来的宗教领袖将更加关注追随者的暂时需求，解决他们当下的经济和个人问题，而较少关注过去和未来的问题。

第五，法律、医药和教育领域急需新型领导力。教育领域尤其如此。这一领域的领导者在未来必须找到方法，教授学生如何应用他们在学校获得的知识。他必须更多地关注实践，而不是空谈理论。

第六，记者领域也需要新型领导者。未来的报纸行业要想成功地运行，必须与"专权"分离，并不受广告部门的影响。他们不应继续充当广告栏目赞助商的宣传机器。报纸专注丑闻和淫荡图片，最终将会使人心堕落。

这里仅列举了几个需要新型领导力，以及为新型领导者提供机遇的领域。世界正快速变化。这意味着塑造人们习惯的新闻媒体也必须适应变革，因为它们决定人类文明的发展趋势。

何时以及如何申请职位

这里提供的信息，来自成千上万名营销个人服务的人的多年经验积累。因此，这些信息全面而且实用。

通过媒体营销服务

经验证明，下列媒介最能直接、有效地把个人服务的买家和卖家联系起来。

1. 就业局。筛选知名的就业局，其管理能力足以揭示他们的工作成绩。好的就业局相对较少。
2. 在报纸、行业刊物和广播里做广告。申请办公室或者工薪职位，利用分类广告就能达到满意的效果。申请管理类的职位，通常选择展示广告，展示广告所在的版面往往最容易吸引雇主的注意力。应该由懂得如何制造足够卖点的行业专家来准备广告页。
3. 直接向需要某种服务的公司或者个人提交个人申请信。信件应该打印整洁，而且必须手写签名。信件里必须附有完整的"简介"或者申请人的资历。申请信和资历必须由专业人士准备。
4. 通过举荐申请。申请人应该尽可能通过熟人来接近潜在的雇主。针对那些寻求管理层联系，但又不希望看起来像是"自卖自夸"的申请人而言，这种接近方法尤其具有优势。
5. 亲自申请。在有些情况下，如果申请人当面向潜在雇主申请提供服务，这可能会更有效，在这种场合下，申请人应该准备职位资质的完整书面陈述,因为潜在的雇主往往需要与其合伙人共同讨论申请人的履历。

必须提供的书面信息概要

认真准备这份概要,就像律师准备出庭时所写的概要。除非申请人有写过此类简述的经验,否则应该向专业人士咨询,而且还要列出自己的服务。成功的商人会聘请懂得广告艺术与心理学的人士来展示产品的价值。销售个人服务的人也应该如此。下列信息应当出现在简述里:

1. 教育水平。简要地陈述自己的学历、专业、课程,选择某一专业的原因。
2. 经历。如果你有申请职位的相关过往经历,那你应该全面地描述,并且列出前任雇主的姓名与地址。确保自己清晰地列出了所有符合申请岗位的独特经历。
3. 推荐。几乎每家公司都希望了解潜在雇员之前的履历、上一家单位等信息。附上简短的推荐信复印件,这些推荐来自:
   (1)前任雇主
   (2)学生时代的导师
   (3)能够做出可靠评价的优秀人物
4. 自己的照片。在你的简述里附上一张无边框的近照。
5. 申请某个具体的岗位。不要提交没有准确描述职位的申请。不要仅仅为了"找个工作"而申请。这暗示你缺乏专业知识。
6. 陈述符合申请职位的资质。给出自己符合所申请职位要求的全部细节。这是决定你申请成败的最重要的细节。

7. 提出自己可以经历"试用期"。在大多数情况下，如果你决心要得到所申请的职位，那么你可以直接提出一周或一个月，或者一段足够长的时间内无薪工作，这样你的潜在雇主能够了解你的价值。这看起来可能是一条激进的建议，但经验证明多试一次至少不会失败。如果你对你的资质很有信心，那么这个实验能满足你所有的需要。而且，提出这样的建议表明你对自己十分有信心，相信自己的能力达到所申请的职位要求，这最具有说服力。如果你的提议被接受，而且你做得很好，那么你很可能在"试用期"内还会得到酬劳。

明确这个事实，你的提议是基于：

（1）你相信自己的能力满足职位的要求。

（2）你相信潜在雇主会在你的试用期结束后留下你。

（3）你想要得到所申请职位的决心。

8. 了解潜在雇主的业务。在申请职位之前，对雇主的业务进行调查，确保自己完全熟悉这项业务，并在简述中表明你已经获得的行业知识。这将会令人印象深刻，而且还会表明你富有想象力，以及对所申请职位的极大兴趣。

请牢记，并非律师最了解法律，而是那些对案件做了最充分准备的人才会获胜。如果你充分准备并且展示你的"案件"，那么你已经事半功倍了。

不要担心简述过长。你想找到工作，而雇主也想寻找到合格的申请人。实际上，大多数雇主成功的最主要原因是他们有"慧眼识英才"的能力。所以他们会想要了解尽可能多的信息。

请牢记另一件事：简述准备过程的整洁表明你是一个勤勉的人。我已经帮助很多客户准备简述，这些简述如此引人注目并且出类拔萃，所以最后这些申请人跳过面试环节，直接获得录用。

当你完成简述后，用活页夹把它们整齐地放到一起，下列信息可以请美工或者印刷工帮你书写：

罗伯特·史密斯的资质简述

申请布兰科公司

总裁私人秘书

每次申请不同的职位时，记得更改相关名称。

个性化设计一定会吸引眼球。整齐地打印出你的简述，用一张硬书皮做封面。如果你要给好几家公司看，那么你应该在每次申请的时候，更换活页夹并且插入正确的公司名称。你的照片应该放在简述的某一页。一五一十地遵循这些指示，想到好的灵感可以随时改善。

成功的销售员会精心打扮自己。他们清楚第一印象很重要。你的简述便是你的销售员。给它穿一套好看的正装，这样它就会在潜在雇主眼中脱颖而出。如果申请的职位值得你拥有，那么你就得花心思。而且，如果你以个性化的方式来打动雇主，相比于传统的方式，你刚开始所获得酬劳很可能会提高。

如果你通过一家广告中介或者就业中介申请职位，那么你应该要求他们使用简述的副本来营销你的服务。这将会帮助你获得中介以及潜在雇主的青睐。

如何得到想要的职位

每个人都高兴做适合自己的工作。画家享受绘画,工匠享受用双手打磨,而作家享受写作。那些才能比较少的人对某些工商业领域情有独钟。如果说美国做得比其他国家好,就在于它提供了丰富多样的职位,从开采石油、生产制造、市场营销到其他专业。

第一,明确你想要的职位。如果这个工作暂时还不存在,可能你需要创造它。

第二,挑选心仪的企业或者想跟的老板。

第三,研究你的潜在雇主,比如企业政策、人员以及晋升空间。

第四,分析自己的才干、能力,明白自己能够提供什么,以及成功发挥所长、提供服务、实现想法的方式方法。

第五,忘掉"一份工作"。忘掉有一份工作在等我这种通常的想法,转而集中思考自己能做什么,能提供什么。

第六,当你内心有了计划,与经验丰富的写手一起在纸上把它整齐、详细地列出来。

第七,把计划交给有权威的人,他会替你解决剩下的部分。每家公司都在寻找能够为公司带来价值的员工,不管这价值是想法、服务或者"人脉"。对有想法且符合公司利益的人,公司总会虚位以待。

申请流程可能会耗时几天甚至几周,但是会使你免于数年辛勤工作却领着微薄的工资。其中最大的优势就是能节省 5 年的时间,让你直接跳到目标位置。

每位想一步登天，或者半路扶摇直上的人都会进行深思熟虑的规划（当然除了老板的儿子）。

营销服务"工作"的新方式就是"合伙"

将来充分利用推销服务的人，一定会意识到雇主与雇员关系已发生了翻天覆地的改变。

在未来，雇员与雇主的合伙人关系的本质主要包含：

（1）雇主；
（2）雇员；
（3）所服务的大众。

这种营销个人服务的新方法之所以新，原因有很多。首先，未来的雇主与雇员都会被视为"高效服务大众"的同事。在过去，雇主与雇员之间讨价还价，而没有考虑到第三方，即他们所服务的公众的利益。

大萧条实际上是伤痕累累的大众发起的一场大规模抗议，一些人为了个人私利，不惜在各个方面损害并践踏公众的权利。当大萧条的残骸被彻底清除的时候，商业会再次恢复平衡，雇主与雇员会意识到他们不能再讨价还价，牺牲大众的利益，未来真正的雇主是大众。每位追求有效营销个人服务的人，都应当谨记于心。

全美每一条铁路几乎都面临财务困难。没有谁不记得，当乘客从售票处询问某辆列车的离开时间时，总是被唐突地告知去参照广告牌，而不是被礼貌地告知信息。

有轨电车公司也经历了"时代的改变"。在不久之前,有轨电车售票员还喜欢"教训"乘客。如今,许多有轨电车的路线已经被取消,而乘客都改乘公交。

全国的有轨电车正在遗弃中生锈,或者被拆卸。现在,只要是有轨电车还在运营的地方,乘客们在乘坐过程中再也听不到售票员的"教训",人们甚至可以在街区的中间叫车,司机也会亲切地让他上车。

时代真是改变了,这正是我想强调的。时代已经改变了,而且,这一改变不仅仅发生在铁路办事处或者有轨电车上面,在生活的其他方面也是如此。"该死的公众"的态度已经一去不复返了。如今,它已被"先生/女士,我们真诚地为您服务"的态度替代。

银行家们也从巨大的变化中学到东西。如今,很少看到银行职员不礼貌的行为,而这在十几年前随处可见。过去数年,一些银行家(当然不是全部),总是面带严肃,让每位借款人不寒而栗,都忘了自己是来找银行家贷款。

大萧条时期成千上万的银行倒闭带来了教训,银行家移走了隔离顾客的大门,坐在开放式的座位上,能够与存款人交流沟通,办理业务,整个银行充满着尊重与理解的氛围。

过去,一般都是顾客在街角的杂货铺站着等,直到店员享受完与朋友一起聊天的时光,业主整理完他的银行存款,才会轮到为顾客提供服务。现在连锁店由礼貌的店主经营,为顾客提供所有的服务,就差为顾客擦鞋了,这些都使得旧时代的商人形象成为历史。时代在进步!

如今,"礼貌"和"服务"是商业口号,这两大口号对于营销个人服务而言,比服务雇主更适用。因为,最终的分析表明,雇主与雇员都是为公众服务。如果他们不能很好地为公众服务，他们就会失去服务的权利。

我们都记得那段岁月，气量表读数员用力敲门，几乎快把门撞破。当门打开，他会推门径直走来，满脸的不高兴，似乎在说："你凭什么让我等着？"这些都不复存在了。如今的气量表读数员有着"很高兴为您服务"的绅士态度。在天然气公司意识到他们满脸阴沉的读数员成为一种挥之不去的负担时，石油公司友好的销售人员已经开始独自做起岸上业务了。

在大萧条期间，我在宾夕法尼亚州的无烟煤区待了好几个月，研究那些摧毁整个煤矿业的因素。其中有一项重大发现表明，经营者和雇员的贪婪是导致生意亏损和矿工失业的最大因素。

迫于一群代表雇员的狂热工会领袖以及经营者贪婪野心的压力，无烟煤业务迅速缩水。煤矿经营者和雇员彼此较量，追逐各自利益最大化，这一"讨价还价"的结果就是煤炭价格的上涨。到最后，却发现自己为他人作嫁衣，将大笔生意让给了燃油生产商、石油装备制造商以及原油生产商。

"罪恶的工价就是死亡！"多数人都在《圣经》里读到这句话，但是读懂意思的人却很少。现在和今后几年，世界要被迫听这样的布道，就是"你种什么，就收获什么"。

如今，像大萧条一般传播广泛而且影响深刻的事件不可能"只是一场意外"。大萧条的背后一定有因。没有因，什么事也不会发生。整体来说，大萧条的因可以直接追溯到全世界的通病——只想收获，不想耕耘。

这句话不应当错误地解读为大萧条象征收获，我们没有播这样的种，但被迫接受结果，问题在于我们播种了错误的种子。所有的农民都知道，不可能播种蓟草种子，收获的却是粮食。在世界大战爆发初期，全世界的人民便开始播种不合格的服务种子。几乎每个人都忙于获取而不想给予。

上述案例旨在引起营销个人服务者的注意，我们的自身行为决定我们所处的地位、财富水平。如果在商业、金融和交通中存在着因果法则，那么这个法则也同样适用个人并决定个人的经济地位。

你的 QQS 等级是多少？

笔者已经清晰地描述了高效、持久的营销服务的成功原因，除非你认真研究、分析、理解并应用这些因素，否则没有人能够有效、持久地营销个人服务。人人都应当学会推销自己的服务。服务的质量、数量和服务精神很大程度上决定了雇用的价格和时长。为了高效地营销个人服务（这意味着永久的市场、满意的价格以及良好的条件），你必须应用并且遵循"QQS"法则，即质量（Quality）、数量（Quantity）和合作精神（Spirit），这等同于完美的服务销售。记住 QQS 法则，应用并成为习惯！

让我们来分析这一秘方，以确保自己完全理解其含义。

1. 服务的质量应当被理解为采用尽可能最高效的方式完成好工作岗位上的每一个细节，永远将效率牢记于心。
2. 服务的数量应当被理解为尽己所能，提供全部的服务，旨在通过实践与经验的积累，提供更多具有技术含量的服务。重点还是放在"习惯"这个词上。
3. 服务精神指保持与合作伙伴和同事融洽的合作关系。

保证服务的质量和数量还不足以保持持久的市场。服务的行为或者精神是决定获得报酬价格和雇用时长的重要因素。

卡内基多次强调并描述成功营销个人服务的因素。他一遍遍地强调和睦相处的必要性。卡内基强调，不论一个人能提供多么优质高效的服务，如果他没有团结协作的精神，那么这个人也不会被留用。卡内基坚持认为员工应当具有亲和力。为了证明他对这一品质的重视，那些符合他标准的人都在他的帮助下变得非常富有，那些达不到这一标准的人，只能将机会拱手相让。

笔者已经强调亲和力的重要性，这一要因素让人带着一种精神提供服务。如果你待人礼貌，而且提供服务的态度友好，这些资产都能够弥补服务在质量和数量方面的不足。但是却没有什么能够替代友善的行为。

服务的资本价值

如果你的收入全部来源于销售个人服务，那么你与那些销售商品的商人并无区别，而且，还有一点意味着，你必须遵循商人们在销售商品时所要遵循的相同守则。

笔者强调这点，是因为大多数靠销售个人服务为生的人，会错误地认为自己可以不用像那些营销商品的人一样，遵守相应的行为法则并履行一定的义务。

营销服务的新方式几乎迫使雇主和雇员结成新的伙伴式联盟关系，并通过这样的联盟考虑到第三方——所服务的公众的利益。

"尽力索取"的时代已经一去不复返了，如今它已经被"热诚给予"所取代。高压的商业运作方式最后搬起石头砸自己的脚。永远都没有必要重返这一模式，因为未来的商业运作方式不需要任何压力。

大脑的实际资本价值可以由你能产生的收入（通过营销个人服务）决定。有一个方法能公平地估算出服务的资本价值，就是用你的年收入乘以

16 又 2/3，因为根据合理的估算，你的年收入代表了你的资本价值的六分之一。货币的年利率为 6%。金钱的价值比不上大脑。钱往往没那么大的价值。

能力强的"大脑"，如果得到有效营销，会比其他资本形式更管用，因为"大脑"这种资本永远都不可能在经济衰退时期贬值，也不可能被盗或者被花光。而且，用来做生意的资本只有与有"大脑"结合，才能够发挥价值，要不然就像一堆无用的沙丘。

金钱拒绝你的三十个原因

奋力拼搏最后却以失败告终，这是人生最大的悲剧之一。而这一悲剧发生在多数人身上，只有少数人最终成功。

笔者十分荣幸能有机会分析成千上万个人的案例，他们之中 98% 的人都曾被认为是"失败者"。我们文化和教育体系存在一个根本性的错误，那就是默许 98% 的人碌碌无为度过一生。但请理解，笔者创作此书的目的并不是要站在道德的角度评判世界的对与错，那样的话，写出来的书的厚度得是现在的 100 倍。

笔者的分析工作证明了 30 种失败的主要原因，以及人们积累财富的十三大法则。在本章中，笔者将会逐一描述这 30 种原因。希望你对照这张失败原因表，逐个检查自己是否存在这些问题，找出有多少种原因阻挡在你与成功之间。

1. 先天劣势。如果先天大脑有缺陷，则无能为力。唯一方法是参照本书哲学建言——借助智囊团的帮助。从利益角度而言，这是 30 种因素中唯一无法轻易改变的因素。

2. 生活缺乏明确目标。没有核心方向或者明确目标的人，毫无成功的希望。我分析过的 100 个人中有 98 个都没有明确目标。或许这就是他们失败的主要原因。

3. 缺乏超越平凡的斗志。那些安于现状，不想超越自己，而且不愿意付出努力的人，也毫无希望可言。

4. 学识不够。这个弱点相对而言比较容易克服。经验已经证明学识高的人往往是那些"自学成才"的人。一个大学学历对于人的教育是远远不够的。任何受过良好教育的人都懂得"获取但不损害他人"的道理。教育包含的不全是知识，而是那些有效并持续应用的知识。人们获得酬劳，不仅仅是因为他们掌握的知识，更重要的是他们运用了知识。

5. 缺乏自律。自律源于自我控制。这意味着人必须控制所有负面的品性。在你能掌控局面之前，先掌控你自己。自我征服对每个人而言都是最难的任务。如果你征服不了自我，你就会被自我所征服。你会常常看见你最好的朋友和最大的敌人同时出现在镜子面前。

6. 健康状况不佳。没有好的身体，就无法出类拔萃。身体原因往往与自我控制相关，往往体现在：

    a. 吃太多有害健康的食物。

    b. 不良的思维习惯；想法负面。

    c. 过度纵欲；缺乏合理的锻炼。

    e. 呼吸方式不当，呼吸新鲜空气不足。

7. 不利的童年成长环境，"从小偷针，长大偷金"。童年时候成长环境不健康，这些人多数会存在犯罪倾向。

8. 拖延。这是导致失败的最常见因素。"拖延鬼"是每个人的阴影，它等候时机破坏成功。大多数人一生碌碌无为，就是因为我们总是等着"时机成熟"。拒绝等待。时机永远不会"刚刚好"。从现在的位置出发，利用你所拥有的一切工具，当你保持前行的时候就会找到更好的工具。

9. 缺乏毅力。大多数人刚开始都雄心勃勃，但总是不能善始善终，而且多数人还会在经历第一次挫败的时候就放弃。以"毅力"为信条的人会发现"失败老油条"会终显疲态，最终离开。失败必须给毅力让路。

10. 个性消极。那些性格消极而且令人讨厌的人，也毫无成功的希望可言。力量的应用才能实现成功，而要获取力量，就必须与他人通力合作。消极的个性不会吸引合作。

11. 纵欲过度。对性的渴望是促使人行动的最强动力。因为这种情感拥有最强大的力量，所以你必须通过其他渠道转化并且控制这股能量。

12. 过度"不劳而获"的欲望。赌徒天性导致上百万人沦为失败者。从华尔街金融风暴的一项研究中就能发现证据。在这次事件中，上百万人企图一赌致富。

13. 缺少决断力。成功的人往往决策果断，而改变决定却十分谨慎。失败的人往往优柔寡断，而且往往朝令夕改。优柔寡断与拖延是双胞胎兄弟。当你遇上一个，你也注定要遇到另一个。你必须在它们束缚你走向成功之前把它们完全消灭。

14. 六大基本恐惧。笔者将在下一章里逐一分析这些恐惧。你必须在有效营销个人服务之前，完全克服这些恐惧。

15. 错误的婚姻。这是失败的最常见原因。婚姻带给人密切的关系。

除非这种关系和谐，否则你很可能遭受失败。而且，这种失败往往还会带给你苦难和悲伤，摧毁你所有的斗志。

16. 过度紧张。那些总是小心翼翼的人，最终只能拿到其他人挑剩下的东西。过度紧张与不够谨慎一样糟糕，你应当警惕这两种极端，生活中的可能性总是无处不在。

17. 错误的生意合伙人。这是生意失败的最普遍原因之一。在营销个人服务的过程中，你应当精心挑选一位雇主，他必须给你带来灵感，充满智慧而且拥有成功。近朱者赤，筛选一位值得你去学习的雇主。

18. 迷信与偏见。迷信是恐惧的一种形式，也是无知的表现。那些成功人士总是心胸宽广，而且无所畏惧。

19. 错误的职业。没有人能够在自己不喜欢的领域里取得成功。营销个人服务的关键一步在于你必须选择一份全心全意投入的工作。

20. "万金油"基本上什么都不精通。把你的注意力集中在一个明确的目标上。

21. 盲目消费。省吃俭用不会成功，因为他永远身处对贫穷的恐惧中。将收入的一定比例存起来，养成存钱的习惯。当你与他人就个人服务的销售价格讨价还价时，存在银行里的钱就会让你有底气。没有一定的金钱基础，你就会满足于对方给你开的价格。

22. 缺乏热情。没有热情的人没有说服力，而且，热情具有感染力，拥有热情并且能自我掌控的人受任何群体的欢迎。

23. 心胸狭隘。对任何事物心存偏见的人几乎不可能进步。心胸狭隘意味着一个人已经停止获取知识。最可怕的狭隘是那些对宗教、种族以及政治立场差异的偏见。

24. 纵欲。伤害性最大的纵欲就是胡吃海喝，以及无节制的性生活。

任何一种形式的纵欲过度都能毁灭成功。

25. 缺乏团队协作的能力。很多人失去岗位和大把的机遇，就是因为这个弱点，它的破坏力超过了所有其他的因素。任何一位明智的生意人或者领导都无法容忍这个缺点。

26. 不是通过自己的努力而获得权力，比如说富二代，那些含着金钥匙出生的人。一个人手中的权力并非逐渐积累，而是一下子就得到，这往往会招致失败。一夜暴富往往比贫穷更危险。

27. 蓄意的欺骗。任何事都无法代替诚信。出于环境所迫，人可能会在别无选择的情况下暂时性地不诚实，但是，那些蓄意欺骗的人是毫无希望可言的。这样的人迟早会自食恶果，身败名裂，甚至身陷囹圄，失去自由。

28. 自负与高傲。这些品性是赶走身边人的红灯，它们也会招致失败。

29. 猜测而非思考。大多数人往往懒于获取事实，或者对于那些能帮助他们更准确思考的事实漠不关心。他们更倾向于依据猜测或者无根据的推断采取行动。

30. 缺乏资本。这是导致初次创业的人失败的主要原因。没有充足的资本储备来弥补错误的后果，也就无法撑到名声打响的那一刻。

31. 列出任何导致你失败的原因，笔者相信都可以在上述列表中找到。

这30种失败的主要原因也描述了生活的悲剧，在这样的悲剧中几乎每个人都经历过不断尝试后的失败。如果你能说服比较了解你的人跟你一起过一遍上述列表，并且帮你逐一分析这些失败的因素，这对你大有裨益。如果你独自分析，也是可以的。但大多数人都是"当局者迷，旁观者清"。你可能就处于当局者迷的状态。

最古老的箴言便是"人啊，认清你自己吧！"如果你成功地营销商品，那你就得了解商品。营销个人服务也是同样的道理。你应该了解你所有的弱点，然后改善它们或者全部克服。你得了解自己的优势，这样在推销个人服务的时候就能充分发挥这一优势。只有通过准确的分析，你才能够了解你自己。

一位年轻人，在一家知名企业申请经理职位，他对自我的无知暴露了他的愚蠢。直到经理问他期待的薪资水平之前，经理对他的印象都很好。他回答说，自己心里没有一个确切的数字（缺乏明确目标的表现）。然后，经理回答："试用期一周，然后公司会决定你应获得的薪资。"

年轻人回答："我不会接受，因为我在现在的公司拿到的薪水更多。"在你开始与用人单位协商岗位薪资水平或者企图跳槽的时候，首先请明确你理应拿到比现在更多的酬劳。这是谈判薪酬的时候需要牢记的一件事——大家都想要更高的薪资——但是前提是你必须值这么高的报酬！很多人总是把公平所得误以为自己想要。你的经济需求或者欲望丝毫左右不了你的自身价值。你的价值全部建立在你提供服务的能力基础上，或者你吸引他人提供类似服务的能力。

逐一核对你需要回答的 28 个问题

年度自我分析对于成功营销个人服务至关重要，正如商品的年度盘点。而且，一年一度的自我剖析会帮助你减少错误，提升品德。生活要么勇往直前，要么原地踏步，或者退后。人的目标当然应当是勇往直前。年度剖析会揭露你是否取得了进步，以及取得了多大的进步。它会揭露你所退后的每一步。有效的个人服务营销要求你勇往直前，即便前进的步伐很慢。

你应当在年底开展年度自我剖析,根据分析结果将任何亟待改善的地方纳入你的新年计划。通过询问自己如下问题,逐一盘点如下问题,并在他人的帮助下保证自己的答案客观准确。

自我剖析问卷

1. 我实现了今年的既定目标了吗?(为了实现人生的主要目标,你应当每年制订一个年度确切目标)。
2. 我尽己所能提供了最好的服务了吗?我是否改善了服务质量?
3. 我尽己所能提供了最大程度的服务了吗?
4. 我的服务态度友善吗?一直都与同事通力合作吗?
5. 我犯了拖延症导致效率降低了吗?如果有,那么效率降低多少?
6. 我改善自己的个性了吗?如果有,是哪些方面?
7. 我是否持之以恒地完成了自己的计划?
8. 我在应对所有情况时都做到了果断并且明确地决策吗?
9. 我内心产生了六种基本恐惧从而导致效率降低吗?
10. 我有"过度谨慎"或者"不够谨慎"吗?
11. 我与同事的关系是愉快还是不快呢?如果是不愉快,部分原因在我,还是全部原因在我?
12. 我有因为注意力不集中而导致精力分散吗?
13. 我是否对于所接触的所有事物都保持心胸开阔或者包容接纳?
14. 我在哪些方面改善了自己提供服务的能力?
15. 我有任何不良习惯吗?
16. 在公开或者私底下,我显露出任何形式的自大吗?

17. 我与同事之间的互动是否足以令他们尊重我？

18. 我的观点和决定是基于揣测还是精准的思考与分析？

19. 我合理安排时间，并且制订了开支和收入的预算吗？我在这些预算方面是否过于保守？

20. 我耗费了多少时间在非营利活动上面，这些时间本可以得到更佳利用？

21. 我如何重新规划时间并且改善习惯，从而在未来的一年里更有效率？

22. 我昧着良心做过一些令人愧疚的事情吗？

23. 我在哪些方面提供了所得报酬之外更丰富、更优质的服务？

24. 我是否曾不公平地对待他人，如果有，在哪些方面？

25. 如果我是自己今年服务的买家，我对自己购买的服务满意吗？

26. 我的职业定位正确吗？如果不正确，为什么？

27. 客户对我提供的服务满意吗？如果不满意，为什么？

28. 根据成功基本法则，我目前的评分是多少（公正坦诚地进行评分，而且请人审核）？

当你阅读并且吸收了本章所传递的信息后，你可以着手制订一份营销个人服务的实用计划。当你规划个人服务销售的时候，你可以在本章里找到每一条重要原则的精确描述，比如：领导力的主要构成，领导力失败的最普遍原因，领导力的主要机遇领域，各行各业领导力失败的主要原因，以及自我剖析中的重要提议。

这些信息有广泛、细致的描述，所有想通过营销个人服务而致富的人都需要它。那些失去了财富以及刚开始挣钱的人，只有通过提供个人服务才能获取财富。因此，提供尽可能多而实用的信息，能够帮助他们最好地营销服务。

本章所包含的信息对于所有渴求行业领导力的人具有极大的价值，尤其对以商业或行业高管的身份来营销个人服务的人有巨大帮助。

完全理解并吸收本章传达的信息有利于营销个人服务，也有利于系统并且合理地评价他人。这些信息对于人事主管、人事经理、员工招聘部门和效率维护部门的主管都具有价值。如果你质疑这一论述，可以通过书面回答这28项自我剖析问题来检测其全面性。这一过程既有趣又能获益。

致富的机遇在哪里，怎么找？

既然我们已经分析了致富的法则，那人们自然会问："如何寻找应用这些法则的合适时机呢？"那好吧，现在让我们逐一查看美国为其公民提供了哪些大大小小的致富机遇。

请所有人牢记：在我们生活的国家，每个守法的公民都能在世界各处享受思想和行动的自由。大多数人都没有细数过这份自由的优势。我们从未将美国公民的自由程度与其他国家受限的自由进行对比。

在美国，公民拥有思想自由，选择以及受教育的自由，宗教信仰自由，政治自由，商业、行业和职业选择的自由，积累并合法拥有一切财产的自由，居住自由，婚姻自由，各种族获得平等机遇的自由，各州之间通行的自由，饮食自由，以及实现人生梦想的自由，即便这个梦想是美国总统职位。

我们还有其他形式的自由，但是这份目录基本上囊括了大部分重要的自由权利，以及最高层次的机遇。这份自由的优势位居世界之上，因为美国是世界上唯一保障每位公民，不管是本土还是移民，都享有广泛的自由的国家。

接下来，让我们细数自己已经享受到哪些权利。就拿美国普通家庭（收入处于平均水平）来说，让我们来总结每位家庭成员在这片机遇富饶的土地上享受到的所有权益。

a. 食物。思想和行动自由之后，便是享受食物、衣物与住所——生命的三项基本必需品的自由。

因为普通的美国家庭能享受广泛的自由，所以能够在其经济能力范围内，精心挑选世界各地的美食。

一个居住在纽约市时代广场区中心并远离粮食生产地的两口之家，详细盘点了一顿简易早餐的花费，结果如下：

食物项	早餐成本
葡萄汁（产自佛罗里达州）	0.02
成熟的小麦早餐制品（堪萨斯州农场）	0.02
茶（产自中国）	0.02
香蕉（产自南美）	0.02 ½
吐司（堪萨斯州农场）	0.01
新鲜土鸡蛋（产自犹他州）	0.07
糖（产自古巴或犹他州）	0.00 ½
黄油和奶油（产自新英格兰）	0.03
总花费	0.20

在一个花几毛钱就能获得所需早餐的国家里，获取食物并非是件难事。仔细观察这份简单的早餐组合，各种来自中国、南美、犹他州、堪萨斯州

和新英格兰地区的食物，一起被端上了餐桌，在美国最密集城市的中心，即使最普通的工人也能支付得起。

这份开支包含所有联邦、州和市税！（事实上，政客们在竭力说服选民投票将对手赶下台的时候，并没有提到人民早已不堪忍受沉重的课税负担）

b. 住所。普通的家庭生活在一套舒适的公寓里，享受着暖气、电能照明以及燃气，这些花费每月65美元。在小一点儿的城市或者人口不那么密集的纽约市管辖的区，同等档次的公寓只需支付20美元。

早餐的吐司用电烤箱烤，而整套公寓则由电力吸尘器保洁。厨房和浴室的冷热水24小时全天供应。电冰箱可以保持食物新鲜。女主人用简单易操作的电子设备卷发、洗熨衣服，这些设备只需插上插座即可使用。男主人用电动剃须刀刮胡须，小两口24小时免费收听收音机里的娱乐节目。

这套公寓还有其他的便利，但上述这份清单证实了美国人民所享有的自由（这并非政治或者经济上的宣传）。

c. 衣服。美国各地的普通女性，每年只需花费200美元，就能买到舒服、整洁的衣物。

此处只列举了衣、食、住这三方面基本生活需求方面的自由。普通的美国公民通过努力，不用每天劳动超过8小时，就能享受其他权利与优势。其中就包含拥有汽车的权利，人们可以较低的成本开车出行。

美国公民还拥有私有财产的权利。人们可以将钱存在银行，政府会确保财产安全而且在银行倒闭后弥补其损失。美国公民在各州之间的旅行不需要护照和任何许可。人们可以自主选择往返的时间。而且出行的方式也丰富多样，有火车、私家车、公交车、飞机和船，只要经济条件允许。在德国、俄罗斯、意大利以及欧洲和亚洲的多数国家，人们享受不到如此廉价的出行。

奇迹创造福祉

我们经常听到政客在拉选票的时候宣扬美国的自由权利，但是他们很少花时间去分析这份"自由"的来源和实质。我这么说并非心存怨恨或者不满，抑或存在别的目的，我只是十分荣幸能对这份神秘、抽象而且被误解的"事物"进行直接的分析。它带给全美人民更多的福祉，更多积累财富的机遇和更大的自由。

我有权对这份看不见的力量的来源和本质进行分析，因为在过去的25年，我结识了许多这份力量的组织者和维护者。这位神秘者，人类的大恩人，就是资本！

资本不仅包含钱，而且更指那些组织完善而且智商超群的团体，他们规划高效利用资本的方式和手段，从而造福大众并且自己获利。

这些团体包含科学家、教育家、化学家、发明家、商业分析师、宣传者、交通专家、会计师、律师、医生，以及那些在所有行业和商业领域拥有高度专业知识的人。他们在新的领域开拓、实验并且努力。他们维持高校、医院、公立学校的运转，他们建设道路、出版报纸、承担大部分的政府开支，并且悉心照看人类进步的各个细节。简言之，这些资本家好比人类文明的大脑，因为他们提供了教育、启蒙和人类前进的全部物质基础。

没有人力资本，只有货币资本是危险的。两者的结合对于人类文明至关重要。如果组织资本没有提供机器、船、铁路和操作它们的技术人员，那么上文中描述的简易早餐就不可能以如此便宜的价格买到。

如果你想象自己在没有资本的帮助下，将上述这顿早餐送到纽约市区的家庭，你便能理解组织资本的重要性。

为了提供这杯茶，美国人前往远在千里之外的中国或者印度。除非你十分擅长游泳，要不然在这次环球旅行中你会疲惫不堪。紧接着，你又面临另一个问题，即便你有越洋跨海的游泳本领，你手里的美元能在中国使用吗？

为了提供方糖，你必须游到另一个遥远的国度——古巴，或者长途跋涉到犹他州的甜菜种植区。即便如此，你很可能空手而归，因为组织性的努力与金钱是生产蔗糖的必要条件，更不必说加工、运输和配送至全美各地所需要的种种条件。

你可以很轻易地从纽约市附近的农场获得鸡蛋，但你必须长途跋涉至佛罗里达州才能得到两杯葡萄汁。

你还得再跋涉千里至堪萨斯州，或者其他产粮大州，才能得到四片面包。

谷物饼干可以直接从菜单里删除，你根本无法获得。因为缺乏劳动以及经过专业培训与组织的工人和机器，而这些都需要资本。

你可以出发去稍微近一点的南美，采摘一串香蕉，归美途中，你可以走到最近的农场获取奶制品，并得到一些黄油和奶油。然后，纽约市区的家庭就能够坐下来，享受你所准备的早餐了，而你所有付出的劳动只值2毛钱。

听起来很荒唐，是吧？如果没有资本体系，那么将这样简易的早餐送至纽约市中心家庭就只有采用上文描述的过程。

你根本无法想象，建设与维护用来运输这顿简易早餐的铁路和蒸汽轮船的成本是怎样的天价！它需要耗费数亿美元，更不用说操作这些设施的专业人员。但是，交通仅仅是资本主义美国的现代文明的冰山一角。在运输之前，农田里必须种植这些庄稼、水果，然后加工、上市。整个过程需要价值上百万美元的设备、机器、装箱、营销，以及给上百万工作人员支付薪水。

轮船、铁路并非凭空出现然后自动运转。它们的出现是响应现代文明的召唤，这种文明建设需要人才的劳动、智慧与组织能力，他们充满想象力、信念、热情、决断力和毅力。这些人就是我们所说的资本家。他们在欲望的激励下，构建并提供有效服务，从而盈利并积累财富。如果没有这样的服务，就不可能存在现代文明。

为了使读者更好地理解，其实这些资本家就是多数人耳熟能详的那些激进分子、骗子、狡猾的政客和工会领导常挂在嘴边的"利益剥削者"或者"华尔街"。

笔者这样表述并非对任何群体或者经济体系的支持或者反对。当笔者提到"工会领导"，这并不是试图抨击劳资双方集体谈判，也并非为每个资本家洗白。

本书的主旨——笔者耗时25载所致力实现的目标——就是告诉读者积累财富的最可靠法则。

我已经从两方面分析了资本主义体系的经济优势，分别如下：

1.所有追逐财富的人必须认可并且适应这个决定所有通往大小财富途

径的体系。

2. 向公众展示政客和煽动者蓄意蒙蔽的问题，政客和煽动者通过指责组织资本是毒药而达到其目的。

美国是一个资本主义国家，它的发展就是通过对资本的使用。所有宣称自己享有自由与获得机遇权利的人，所有致力于积累财富的人，最好清楚，如果不是组织资本提供这些权益，我们根本无法获得财富与机遇。

20多年以来，总有激进分子、追逐私利的政客、骗子、狡诈的工会头子以及某些宗教领袖，乐此不疲地把"华尔街、钱贩子和大资本家"当靶子一般肆意抨击。

这样的做法盛极一时，我们在大萧条的时期见证过，那些政府高层官员与可耻的政客、工会头子沆瀣一气，公开宣称要推翻使美国作为世界上最富裕国家的制度。它拖长了美国史上最糟糕的经济衰退期，导致数百万人失去工作岗位，而这些工作是国家的脊梁，是工业和资本主义体系密不可分的一部分。

就在政府官员与那些致力于通过宣扬美国产业体系"公开化"而谋取私利的利己主义者沆瀣一气之际，工会领导加入了政客的队伍。他们游说选民支持立法调整，即允许人们通过有规模、有组织的力量剥夺富人的财富，而不是采取"靠劳动获得报酬"这样一种公平的方法。

全美有数百万人参与，企图不劳而获。有些人追随工会，要求更少的工作时间以及更高的工资！其他人则索性不工作。他们要求政府救济金。他们对于权利、自由的理解体现为邮递员在早上七点半叫醒他们，给他们送去救济金支票。他们要求支票送达的时间改为上午十点，这样他们可以睡个懒觉。

如果你也相信仅仅靠组织起来要求更少的服务、更多的报酬就能积累财富；如果你也要求政府救济金不应该在大清早送达，打扰晨梦；如果你也相信用选票可以换取政客通过掠夺国库的立法，那你可以坚持你的信仰，没有人会打扰你。因为这是一个自由的国家，每个人都可以有自己不同的想法，每个人只要付出少许努力就能勉强过活，多数人甚至什么也没干也能生活得很好。

然而，你应当了解自由的全部真理，虽然只有少部分人能够理解。这种自由很伟大，提供的自由度很广，权利也很多，但它并不能帮你不劳而获。

积累财富并合法拥有财富只有一种可靠的方式，那就是提供有效的服务。通过合法集会就能获取财富或者要求等额的报酬却不付出等额的努力，迄今为止根本不存在这样的制度。

众所周知，有一种经济学法则，它更像是一种理论。没有人能战胜这一法则。

标记这个法则，并记住它，因为它比所有的政客和政治机器都要强大，工会根本无法掌控它。它不受任何行业骗子或者自命不凡的领导者的影响或者贿赂。而且，它有通天眼和一套完美的记账系统，它精准地记录了每个人想不劳而获的商业交易。迟早审计师会来，检查所有人的记录，并要求核算。

"华尔街、大资本家、资本剥削利益"，不管你怎么称呼这种"美国式自由"的体系，它代表着这样一群人，他们理解、尊重并且适应这套强大的经济法则！他们持续的资本积累与他们对这个法则的敬畏是分不开的。

大多数生活在美国的人都热爱这个国家，热爱它的资本主义体系和一切。我必须承认，我还不知道有哪个国家能像美国一样给其人民提供这么多积累财富的机会。通过某些言行来判断，这个国家的某些人不喜欢这个体系，这当然是他们的权利；如果他们不喜欢这个国家，不喜欢它的资本主义体系，不喜欢它提供的无数机遇，他们就有权利要求进行清理！

美国向所有诚实正直的人提供所有的自由和积累财富的机遇。当你外出打猎的时候，你可能会选择猎物丰富的猎场。当你追逐财富的时候，自然也是同样的道理。

如果你追逐财富，不要忽视这个国家的可能性。它的公民如此富有，仅女性每年花费在唇膏、口红和化妆品方面的开支就达2亿美元。所以，追逐财富的你，在你试图摧毁这个国家的资本主义体系的时候，请再三思考。这样一个国家，所有公民每年花在贺卡上的钱就过半亿美元，而他们买贺卡就是为了表达对自由的感谢！

如果你追逐金钱，那么请仔细思考，这样一个烟草年消费额高达上亿美元的国家，其主要利润都流进了四大主要公司，而他们从事的是为美国的建设者提供提神醒脑的服务。

请务必仔细思考，这个国家的公民每年在电影上花费1,500万美元，以及比这更多数额的美元于酒和其他软性饮料上。

不要急于逃离这样一个国家，当它的人民可以心甘情愿地每年花费上百万美元于橄榄球赛、棒球赛和拳击赛上。

还有，请务必忠于这样一个每年花费100万美元于口香糖，100万美元于安全剃须刀的国家。

还请记住，这些仅是开始，还有其他很多积累财富的来源。我只提到了奢侈品和少数生活非必需品。但是，请牢记生产、运输和营销这些商品的生意给数百万人创造了工作岗位，他们每月领取的薪水数以亿计，然后被随心所欲地花费在奢侈品和生活必需品上。

尤其请记住，在所有商品和个人服务交易的背后是积累财富的巨大商机。"美国式自由"恰好能够帮助你。没有什么能阻止你在这些生意运营过程中获取一席之地。如果你拥有卓越的才华、专业培训和经验，那么你能够积累大量的财富。那些不这么走运的人只能积累小额的财富。只要付出象征性的劳动，任何人都能养活自己。

所以——就在这个国家吧！

机遇已经为你做了铺垫。你只需往前迈步，挑选你想要的东西，制订自己的方案，然后付诸实施，并且持之以恒地完成计划。让"资本主义"的美国做剩下的部分。你完全可以依赖它——资本主义的美国保证每个人可以提供有用服务，并根据服务的价值积累相应的财富。

这一"体系"并不否认任何一项权利，但是它绝不会也无法许下"不劳而获"的承诺，因为这一体系自身就是受经济学法则支配，而经济学的法则既不认可也无法容忍长时期的"不劳而获"。

经济学法则已经大自然审核通过！违反这条法则的人根本找不到可以上诉的最高法院。这条法则给出了违背要受的惩罚以及遵守要得的奖励。没有其他人的干预，这条法则无法被废除。

有人可以拒绝适应这条经济学法则吗？

当然！在这个自由的国度里，所有人生而平等，享受同等权利，其中就包括忽略经济学法则的权利。

然后会发生什么呢？

其实，在大规模的人群联合起来参与忽视法则的活动并且通过暴力拿走自己想要的东西之前，不会发生什么。但之后便是独裁、军队和镇压！

美国还没有发展到这个阶段，但是我们已经完全了解这个系统运作的方式。或许我们足够幸运，不会到这个地步。毫无疑问，我们应当继续捍卫自己的话语自由、行为自由和用服务换取财富的自由！

政府官员纵容公众掠夺公共财政以换取选票的做法，有时会得逞，但终有一天会自食恶果，而被滥用的每分钱必加倍偿还。如果这些掠夺国库的人不偿还，那么这个负担就会落在他们的孩子、他们孩子的孩子身上，甚至是第三代和第四代人身上。没有避免债务的方法。

人们可以组成起来，要求涨工资、减少工时。他们达不到目的原因只有一个，就是经济学法则的介入，而且法则的执行者既包含雇主也包括雇员。

1929—1935年的六年间，全美人民，不论穷与富，几乎就要亲眼见证军队接管所有的生意、行业和银行。这种场景并不令人赏心悦目，也不增加我们对暴徒心理的尊重，这种心理毫无理性而且试图不劳而获。

经历过六年大萧条的人们，感受过草木皆兵、信念溃散的情况，他们绝不会忘记经济学法则是如何无情地打击所有的穷人和富人，老年人和年轻人。他们绝不希望再有这样的经历。

短期的经历根本无法得出上述结论。这些是25年来仔细分析的结果，分析对象是全美最成功和最不成功的人。

第八章
决断力

致富第七步

对 25000 多位失败者经历的分析揭示出缺乏决断力是导致失败的 30 种主要原因之首。这可不是简单陈述理论，而是事实。

拖延是决断力的反面，是每个人都必须战胜的敌人。

当你读完这本书而且做好准备去实践书里描述的法则，你会有机会检验自己是否具有做出快速而明确决断的能力。

对数百位百万富翁的分析揭示出一个事实：他们都具有果断的决策力，而且决不轻易更改，一旦改变决定，这个过程也比较缓慢。那些没能成功积累财富的人，毫无例外都优柔寡断，而且频繁更改。

汽车之父福特的最显著品质在于快速、明确地做出决策，且不轻易改变。福特先生的这一品质深深扎根于内心，以至于大家都说他固执。当所有的智囊以及许多买家都敦促他改变车型的时候，正是这一品质激励了福特继续生产著名的 T 型车（世界上最丑的车型）。

或许，福特先生在做出改变上延误了很久，但实际上在必须改变车型之前，他的决断力已经带来了巨额财富。毫无疑问，福特决策明确且果断的习惯包含一定的固执成分，但这一品质却优于决策缓慢而且频繁更改的习惯。

大多数没能积累足够财富的人，普遍都容易受他人观点的影响。他们放任报纸和八卦的邻居们替自己"思考"。意见是这个地球上最廉价的商品。每个人都能说出一大串自己的观点。当你决策的时候，如果受他人观点的左右，那你不会在任何领域取得成功，更不可能成功地将欲望转化为金钱。

如果受他人意见左右，你就失去了自己的欲望。

坚持自己的想法，当你开始准备实践本书描述的法则时候，你应当自己做出决策并且遵守。不要让任何人影响你的信心，除了你的"智囊团"。

相信自己对这个团队的选择，你只会选择那些支持并且与你目标一致的成员。

亲密的朋友或者家人往往会对你的决定加以评论甚至讥讽。这些评论、讥讽会羁绊你，尽管无意，甚至是出于幽默。成千上万人一生中都存在各种自卑情绪，因为一些好心但无知的人用意见或者嘲笑摧毁了他们的信心。

你有自己的大脑和思想。使用它，自己做出决定。如果你需要从其他人身上获取信息，从而帮助自己做出决策，而在很多情况下你的确需要这么做，那么静静地收集这些信息，而不用透露你的目的。

那些肚子里没墨水的人往往热衷于装出一副满肚子墨水的样子。这种人总是说得多，听得少。睁大眼，竖起耳朵，闭上嘴！如果你想要快速做出决策。那些说得多的人往往做得少。如果说比听多，你不仅浪费了很多学习有用知识的机会，而且你还将自己的计划与目标告诉了别人，而这些人往往会乐此不疲地去打击你，因为他们内心深处嫉妒你。

要记住，每次当你在一个知识渊博的人面前开口时，都会暴露出你少得可怜的知识量！真正的智慧往往谦逊而且低调。

牢记这个事实：每个与你交往的人，和你一样也在寻找积累财富的机会。如果你过于随意地谈论你的计划，你可能会很惊讶地发现别人早已遥遥领先，因为他们将你不经意间透露的计划抢先一步付诸实践。

你的首要决策应当是闭上嘴，然后竖起耳朵去听，睁开双眼去看。

用醒目的字写下这句箴言，放在每天可以见到的地方，提醒你时刻采纳这项建议。

"在你告诉世界你打算做的事情之前，首先用行动表现出来。"

这就是人们常说的"行胜于言"。

决策：自由还是死亡

执行时的勇气大小决定决策的价值。伟大的决策须承受较大的风险，而且常常意味着夭折的可能。

林肯宣布《解放黑奴宣言》，解放了全美所有有色人种。林肯清楚，他的行为可能会招致无数朋友和支持者的反对。他还知道，实施这一宣言意味着成千上万的人会在战场上牺牲。最终林肯以牺牲生命为代价，这需要勇气。

苏格拉底宁愿喝下那杯毒药，也决不动摇自己的信念。这一壮举领先千年，带给后世自由思考与言论的权利。

罗伯特·李将军，当他决定与美利坚合众国分道扬镳，并站在南方联盟一边的时候，这是一项勇气之举，因为他十分清楚这可能牺牲自己、甚至是他人的生命。

但是，所有美国公民清楚，最伟大决定于 1776 年 7 月 4 日达成，当时 56 人联名签署这份文件，他们十分清楚这要么带给全美人民自由，要么自己会被判绞刑。

你清楚这份著名的文件，但却没能从中吸取经验。

我们都铭记做出这个里程碑式决定的日期，但很少有人意识到背后需要多大的勇气。我们铭记学校里学到的历史，铭记这些日期，铭记这些伟大先驱的名字，铭记福吉谷、约克郡这些发生著名战役的地方，铭记开国之父乔治·华盛顿和英国的康沃利斯勋爵。但是我们几乎不知道军队背后的那些名字、日期和地点，几乎不了解无形的力量，而这股力量确保我们在华盛顿的军队到达约克郡后不久，便获得了自由。

我们阅读独立战争的历史，但错误地把乔治·华盛顿想象为国父，认为他为全美人民争取了自由。实际上，在康沃利斯勋爵投降前，我们的军队已经保障了战争的胜利。笔者在此处并非意图剥夺华盛顿的荣誉，只是希望引起读者的注意，华盛顿胜利的真实原因是他背后锐不可当的军事力量。

历史的作者完全忽视了这股锐不可当的力量，这简直是悲剧。这股力量带给了全美人民自由，而这个民族注定将成为各国争取独立的新标准。忽视这股力量是悲哀的，正是这股力量能帮助我们克服生活中的困难，并且迫使生活朝着我们希望的方向前进。

让我们简要地回顾一下催生这股力量的事件。这个故事始于 1770 年

5 月的波士顿惨案。当时英兵在美国的街道巡逻，公然威胁当地公民。于是人民武装反抗这些士兵，冲到他们跟前。为了公开表示对殖民者的怨愤，人民冲巡逻的士兵扔石头、大声咒骂，直到指挥官下令："准备刺刀！"

战斗打响了。死的死，伤的伤。这次事件激起了全美殖民地人民的仇恨，市民大会（由著名的殖民地领袖组成）呼吁采取明确的行动。会议的两名成员便是流芳百世的约翰·汉考克和塞缪尔·亚当斯。他们直抒胸臆，宣布必须采取行动将波士顿所有的英军赶出去。

请牢记这两个人做出的这个决定，这可以被称之为美式自由的开端。还请记住，两位伟人做出决定需要多么大的信念与勇气，因为它随时可能带来危险。

会议结束之前，塞缪尔·亚当斯当选为州长，他要求英方撤军。

这一请求得到准许，英军从波士顿撤出，但是这次事件却并未结束。这导致了整个形势的改变，也改变了整个文明的走向。你是不是感到很奇特，像美国独立战争、世界大战这样的重大历史事件的开端总是看似如此轻微？还请注意，这些重要的变革往往始于一小群人内心确定的目标。只有少数美国人了解本国的历史，并且认识到约翰·汉考克、塞缪尔·亚当斯和理查德·亨利·李（弗吉尼亚州）这些人都是美国的开国元勋。

理查德·亨利·李之所以成为这个故事里的重要人物，因为他与塞缪尔·亚当斯经常写信交流，毫无顾忌地表达彼此内心的恐惧以及对人民的福祉的憧憬。通过这种交流，亚当斯认识到十三个州之间通信会加强彼此之间的合作与联系，这对殖民地共同的解放十分必要。波士顿惨案发生两年后，亚当斯向议会表达了这一想法，提出在殖民地间成立一个通讯委员会并在各州委任联络人的提案，"为了英属美国殖民地之间更好的合作"。

记住这次事件！这是日后解放了全美人民的权力机构的雏形。智囊团已经组织起来了。亚当斯、李和汉考克都是其中的成员。"我还得告诉你，如果你们两个人都同意提出的任何请求，远在天堂的上帝都会给你们。"

联络委员会成立了。请记住这项举动将各殖民州的智者聚集起来，增强了智囊团的力量。注意，正是这一步形成了最初的殖民地反抗先驱组织。

合众国充满了力量。殖民地人民之前一直都在反抗英军，与波士顿事件类似，但因为没有很强的组织性，并未取得成果。个人的意志并未在一个智囊团的领导下凝聚起来。直到亚当斯、汉考克和李团结起来，共谋独立大业，美国殖民地人民的思想、灵魂和身体才得以凝聚，共同对抗英国殖民统治。

但英国人也不傻。与此同时，英国殖民者也在谋划并组织智囊团，而且他们拥有财力和军队上的优势。

英国国王任命盖奇担任马萨诸塞州的州长。这位新州长一上任，就立马联系塞缪尔·亚当斯，企图以恐吓的方式命令他停止反抗。

通过引述当时盖奇的信使和亚当斯的对话，我们就能理解当时的局势。

信使：尊敬的盖奇州长已授予我权力，亚当斯先生，我可以明确告诉您，州长有能力给您足够满意的好处（想贿赂亚当斯），只要您立即停止任何反政府的行动。这是州长给您的忠告，先生，不要再引起英王的不悦了。您的行为要对《亨利八世法案》的死刑罪负责，这一法令规定殖民地人民在州长授权的情况下，可以被遣送至英国接受叛国的审判或者渎职的审判。但是，您只要改变政治立场，不仅能得到很大的好处，还能同英王讲和。

塞缪尔·亚当斯面临两种选择：停止反抗，接受贿赂，或冒着被绞死的危险，继续斗争。

显然时不待人，亚当斯必须立即做出一项可能威胁自己生命的关键决断。多数人很难做出这样的决断，他们会模棱两可，但是亚当斯不会！亚当斯尊重信使说的话，并坚信信使会把自己的原话带给州长。亚当斯的答案是：

请您转告盖奇州长，我一直以来都与大不列颠王国的国王讲和。任何个人的顾虑都无法阻止我放弃祖国的正义事业。还请您转告州长，这是塞缪尔·亚当斯给他的忠告——不要再来伤害一个被恼怒的民族的感情。

亚当斯的品格不言而喻。所有读到这个传奇故事的读者都应该清楚，亚当斯坚守了对全美人民正义事业的忠诚。这很重要（当亚当斯逝世后，骗子和狡诈的政客夺走了他的荣誉）。

当盖奇州长收到亚当斯坚决的回复后，他勃然大怒，随即发表声明：

我在此，以国王的名义，承诺宽恕那些立即放下武器，并且回到工作岗位的人，唯独下列几名叛乱分子，我坚决不予原谅，他们是塞缪尔·亚当斯和约翰·汉考克，他们所犯下的罪行本质邪恶，所以我别无他法，只能对他们处以相应的惩罚。

有人可能会说，用现代俚语来说，亚当斯和汉考克就是"砧板上的肉"！州长的威胁迫使这两位伟人做出了另一项同样危险的决定。他们立即召集最忠诚拥护者，举行秘密会议（这是智囊团迅速壮大的起点）。会议宣布正式开始后，亚当斯锁上门，把钥匙放进口袋里，并告诉所有在场的人，必须组织起殖民地国会，并且在成立国会的决议达成之前，大家都不许离开会场。

随即群情激愤，有些人担忧这样激进的行为可能带来严重后果（老人都很恐慌）。有些人质疑抵抗英国殖民者的正确性。会议室内的两位伟人无所畏惧，不惧失败。在汉考克和亚当斯的影响下，其他人同意由通讯委员会来筹备第一届大陆会议，并定于1774年9月在费城举行。

请牢记这一天，这比美国国庆日1776年7月4日更重要。如果这次会议没有做出上述决定，就不会有《独立宣言》的签署。

在第一次大陆会议召开前，美国弗吉尼亚州的托马斯·杰斐逊正酝酿着出版《英属美洲民权概观》，他与邓莫尔勋爵（英国在弗吉尼亚州的代表）的关系，正如汉考克、亚当斯与州长的关系一般紧张。

著名的《民权概观》出版后不久，杰斐逊被告知自己被以背叛国王政府的叛国罪起诉。杰斐逊的同事，帕特里克·亨利受此启发，直抒胸臆，用一句总结道："如果这是叛国罪，那就将这罪名最大化！"这句话后来成为经典。

就是这样几个人，他们没有权力、没有军队，也没有财力，但却严肃思考着殖民地的命运，并且以第一届大陆会议的召开为起点，持续奋战两年——直到1776年6月7日，理查德·亨利·李对议会主席和整个议会宣布如下议案：

先生们，我在此做出如下动议：这些联邦殖民地，应当有权获得自由并成为独立的国家，它们不再对英国国王效忠，并完全断绝与大不列颠英国和英国国王的一切政治联系。

大家激烈地讨论李的提议——这个令人震惊的提议，由于讨论时间过长，李逐渐失去了耐心。数日的争论后，李再次发言，大声而且坚定地宣布：

主席先生，这个问题我们已经讨论数天了。这是我们唯一的出路。为什么还要往后拖延？为什么仍然犹豫不决？让这快乐的一天成为美利坚合众国的诞生之日吧。我们的共和国诞生后，不会去侵略和攻占别的国家，而是要重塑和平与法治。欧洲人的双眼正盯着我们，共和国需要我们成为自由生活与幸福公民的典范，这与日益增加的独裁统治截然不同。

在大家投票表决李的提议之前，他因为家人生病而返回弗吉尼亚州。临走之前，李将自己的事业全权交付给朋友托马斯·杰斐逊，杰斐逊承诺会一直奋斗，直至达成有利的行动。不久后，大陆会议主席汉考克任命杰斐逊担任委员会主席，并起草《独立宣言》。

委员会辛勤地耕耘着这份文件，一旦国会认可，这就意味着每位签署《独立宣言》的人，也签下了自己的死刑令。如果殖民地与英国殖民者的战争以失败告终，等待这些人的必定是死亡。

这份文件于6月28日起草，草案原件在国会面前宣读。随后大家讨论、修改并最终定稿。1776年7月4日，托马斯·杰斐逊站在大会全体成员面前，毫无畏惧地宣布这个史上最重要决定：

在有关人类事务的发展过程中，当一个民族必须解除和另一个民族之间的政治联系，并依照自然法则和上帝的意旨保持与世界各国的友好关系，接受独立和平等的地位时，出于对人类舆论的尊重，必须把不得不独立的原因予以宣布。

当杰斐逊读完之后，56位会议成员投票表决，一致通过并纷纷签字，每个人都把身家性命押在这个决定上，人类历史上首个通过人民自主决定的国家诞生了。

怀着相同的精神信念，他们不仅能够解决个人问题，而且能够为他们赢得物质和精神财富。让我们谨记！

分析催生《独立宣言》的事件进程，我们完全相信，这个受各国尊敬的世界强国诞生于一项伟大的决定。56名精英组成的智囊团做出了这项决定。值得注意的是他们的决定确保了华盛顿军队的胜利，因为每位与华盛顿并肩作战的战士都坚信这一信念，这个决定成为引导他们战无不胜的精神力量。

值得注意的是（于个人极有益处），这股赋予国家自由的力量，也是人人用来独立自决的力量。这股力量来自本书所描述的法则。《独立宣言》这个故事至少彰显了六大法则：欲望、决断力、信念、毅力、智囊团和精心的规划。

这个故事的哲学含义是：思想加上强烈欲望的支持，会转化为物质。笔者想告诉读者，在上述故事里、在美国钢铁公司组织的故事里，你可以找到思想转化的最佳诠释。

当你寻求转化秘密时，不要奢求奇迹，因为根本没有。你只会发现永恒不变的自然律。这些规律正等待每个怀揣信念和勇气的人去发现、去利用。这些规律可以被用来实现国家自由，或者积累财富。花时间去理解并且使用这些规律吧，它们是免费的。

那些能快速、明确做出决定的人，清楚自己想要什么，而且通常都会得到。各个领域的领导者都是果断决策人，这也是他们能成为领导者的主要原因。那些言行彰显自己目标的人，世界总会留给他们一席之地。

优柔寡断通常是年轻时养成的习惯，如果初中、高中甚至是大学没有明确的目标，这种坏习惯会固化下来。所有教育体系的最大缺点就在于他们既不教育也不鼓励孩子养成明确决策的习惯。

如果学生不清楚自己选择专业的目的，任何大学可以不录取他/她，这样做是有益的。如果要求每位学生在进入分级学校之前必须接受决策训练，并且强制规定只有取得满意的成绩，才能顺利升级，这样做将更有益。

由于学校教育体制的缺陷，导致学生养成优柔寡断的习惯，进而影响学生择业。一般情况下，走出校园后，毕业生广投简历。他选择第一份工作时，自己仍没有清晰的决定。如今，100位毕业生里有98位是为了生存而选择现在的职业，因为他们缺乏明确定位，缺乏如何选择雇主的知识。

明确决策往往需要勇气，有时候需要极大的勇气。那56位签署《独立宣言》的伟人扛住风险，以生命为担保。明确工作目标的人一生都会得到回报，无须赌上自己的性命，只是赌上自己的经济自由。那些忽视或拒绝期待、规划和要求的人，根本不可能享受经济自由、财务独立、惬意的生意和专业的职位。如果人寻求致富的精神像塞缪尔·亚当斯渴求为殖民地争取自由的精神一样，这样的人必定会积累财富。

"精心规划"这章给出了营销个人服务的详细指导，以及选择职场的详细信息。除非你梳理并实践这些指导，否则其将毫无价值。

第九章
毅力

致富第八步

　　毅力是欲望转化为金钱过程中至关重要的因素。毅力的基础便是意志力。

　　意志力和欲望恰当地结合，就会变得势不可当。人们印象里那些积累了巨额财富的少数人总是冷血而且残酷。其实这是种误解。他们不过是拥有意志力和毅力，在欲望的驱使下实现自己的目标。

　　汽车之父亨利·福特就被人误解为无情而且冷血。这样的错觉是由于福特对待所有的计划都持之以恒并且贯彻始终。

　　为自己的理想与目标，大多数人开始都全身心投入其中，但在不幸或者挫败找上门时便半途而废。只有少部分人坚持前行，不管中途遇到多少挫折。这些少数人便是像福特、卡内基、洛克菲勒和爱迪生这样的成功人士。

"毅力"这个词可能没有英雄气概的含义，但对个人性格而言，"毅力"正如碳对钢一般重要。

财富的积累通常需要完整地应用本书关于成功的十三条法则。对于任何积累财富的人而言，你必须理解这些法则，并且持之以恒地应用它们。

如果你正在阅读本书，想运用书里的知识，那么你得遵循第二章描述的六大步骤，这是对你毅力的初步检测。如果你是这100位人里出类拔萃的两个人之一，已经有明确的目标，并且制订了实现目标的具体计划，那么阅读这些指导对你而言就是消遣，照旧过你的日常生活，完全不用遵守它们。

笔者此时想要检验你，因为缺乏毅力是失败的主要因素之一。而且，笔者对上千人的研究也证明，缺乏毅力是大多数人的普遍弱点，而通过努力可以克服它。强化毅力完全取决于欲望的强烈程度。

一切成就均始于欲望，请时刻牢记这点。清心寡欲只会带来惨淡结果，正如温火只能产生微弱的热量。如果发现自己缺乏毅力，那么你可以通过调动自己的欲望来弥补这一缺陷。

请继续读下去，回到第二章，立即开始应用与致富六大步骤相关的指导。遵循这些指导的迫切程度显示出你积累财富欲望的强烈程度。如果发现自己不为所动，那么可以确定自己还没有树立"金钱意识"，但拥有它是积累财富的必要条件。

财富会被内心准备充分的人吸引，正如所有的水最终都会流向大海一样。在本书里，你会发现有效的激励，帮助你调整思想，助你心想事成。

如果你发现自己缺乏毅力，集中注意力到本书关于"力量"的章节；将自己置身于"智囊团"的环境中，通过与团队成员的共同协作，你就能培养出毅力。你还能在"自省"和"潜意识"这章里找到培养毅力的其他指导。在你的潜意识完全形成欲望所求事物的影像前，你必须遵守上述三章里列出的指导。从此以后，你便不会因为缺乏毅力而备受掣肘。

潜意识会不停地运转，不论你是醒着还是睡着。

间歇性地应用这些规则都是徒劳的。要达到效果，你必须坚持应用这些法则，直至成为你固定的习惯。没有别的方法助你树立"金钱意识"。

贫穷总是跟随安于贫穷的人，正如金钱总是跟随那些精心准备的人，都是相同的规律在起作用。贫穷意识会紧抓住那些没有金钱意识人的心灵不放。贫穷意识的形成不需要任何有意识的习惯养成。而金钱意识必须有目的地培养，除非人一出生就具有这样的意识。

请完整把握上一段话的含义，你会在积累财富的过程中明白毅力的重要性。如果你没有毅力，那在还没开始之前就被打败。有了毅力，你将战无不胜。

如果你曾做过噩梦，就会意识到毅力的价值。当你躺在床上，半睡半醒，一种快要窒息的感觉让你无法翻身，也没法动弹，你意识到自己必须开始掌控自己的筋骨，这时通过意志力持久的努力，一只手指总算能动了。其他手指不断地动起来后，你逐步控制自己手臂的肌肉，直到你能完全抬起整只手臂。然后你用相同的方法控制了另一只手臂。最终，你能完全控制一条腿的肌肉，然后是另一条腿。接着——你用全部的意志力——重新完全控制了身体的筋骨，并从噩梦中醒来。个中奇妙之处在于各个击破。

你可能会发现，通过相同的步骤，能够摆脱思维的惰性。刚开始慢慢来，然后加快速度，直至你完全掌控自己的意志。不论这一过程在最初多么缓慢，请务必持之以恒。毅力会带你走向成功。

如果你精心地筛选出自己的"智囊团"，你至少在团队里要有一位帮助你培养毅力的成员。有些人积累了巨额财富，这是因为"缺乏意识"的驱使。他们培养不达目的不罢休的意志力，是因为环境使然，他们不得不这样，没有其他选择。

毅力没有替代品！毅力不能被其他任何品质所替代。请牢记这点，最初进展可能困难而且缓慢，它能够激励你。

那些拥有毅力的人就像是上了保险，不论被击垮多少次，总是会站在成功的顶点。有时看起来，似乎有个精灵躲在暗处，用各种难题来考验人们。那些跌倒后重新站起来并且勇往直前的人会到达终点；世界为他们欢呼："太棒了！我就知道你能做到！"精灵不会让任何人享受到成功的喜悦，除非人们能够通过毅力考验这一关。那些无法通关的人，也就无法继续前行。

那些顺利通关的人会因为自己的毅力而受到奖励。他们所获得的奖赏，正是所追求的目标。这还不是全部！相比于物质奖励，他们收获了更重要的知识——"每次失败都会带来同等优势的种子。"

这条法则也有例外：一部分人从历练中体会到毅力的可靠性。他们正是那些不接受挫败的人，因为他们认为挫败只是暂时的。他们的欲望持之以恒，最终失败变成胜利。作为旁观者，我们看到绝大部分人被失败击倒后，再也没能站起来。只有少部分人把失败看作激励，这些人不相信生命可以倒挡。就是这股默然无声却势不可当的力量，在人们面对沮丧、苦苦抗争时，这股力量拯救了他们。既然提到了这股力量，我们不妨称它为毅力。我们清楚一件事：没有毅力的人，在任何领域都不会取得成功。

写到这里，我抬起头，向不到一个街区距离的地方看去，眼前是神秘的百老汇。它是"心灰意冷者的坟场"，也是开启"机遇的门户"。世界各地的人来到百老汇，追逐名利，寻求权力和爱情。每隔一段时间，在寻逐者的队伍中就会有人脱颖而出，于是世界上就传说又有一人征服了百老汇。百老汇不是轻易就能够被征服。只有人在拒绝"放弃"之后，百老汇才会承认他/她的才智与天分，并给予财富的奖赏。

这就是征服百老汇的秘诀，这秘诀就是毅力！

芬妮·赫斯特奋斗的故事诠释了这个秘诀，她用毅力征服了白色大道。1915年，赫斯特来到纽约，想依靠写作来积累财富。但这个过程很漫长，整整耗费了她四年时间。这四年里，赫斯特亲身了解纽约的点点滴滴。她白天打短工，晚上耕耘希望。当希望渺茫时，她没有说："好吧，百老汇，你胜利了。"而是说："好的，百老汇，你可以击败某些人，但却不能击败我，我会令你输得心服口服。"

在第一篇文章发表前，她曾36次收到《周六晚邮报》的退稿单。普通的作家，正如其他行业平淡无奇的人一样，在接到第一封拒信时，便会放弃这份工作。而她却坚持了四年之久，一心想让出版商改变主意，并决心获得成功。

终于，赫斯特的努力得到了回报。厄运被打破，此后出版商纷纷登门求稿。钱来得太快，她几乎都来不及数。接着电影界也慕名而来，随之财富源源不断地涌入。电影公司以10万美元的价格购买了她最新小说《大笑》的版权，据说这是史上在小说出版前最高的价格。这些还没算上卖书的稿费。

你大概对毅力有了简要了解。芬妮·赫斯特也不例外。凡是想积累财富的人，都必须百折不挠。百老汇可以慷慨地给每个乞丐一杯咖啡和一块三明治，但是要给出更大的奖励，它需要找到拥有毅力的人。

凯蒂·史密斯读到这里时，一定会说"阿门"。数年里，她坚持自己的歌唱梦想，只要有麦克风就唱，虽然没有钱，没有出场费。百老汇对她说:"如果你有能力,就来这里寻找机会。"直到有一天,百老汇终于耗不下去了,对她说:"唉,这有什么用呢?你根本不认为自己受到了打击。所以,尽管开价吧,全心全意来工作。"就这样,凯蒂得到了这份工作。她开出了自己的身价,一周的薪水比多数人一年挣的还要多得多。

持之以恒终会获得回报!

这里还有一句振奋人心的话想与读者分享:有许多比凯蒂·史密斯还优秀的歌唱家来到百老汇寻求机遇却没有成功。还有不计其数的歌手来到百老汇又离去,很多人唱功了得,但却没能实现质的飞跃,因为他们在百老汇厌倦并拒绝他们之前,就已经丧失了继续前行的勇气。

毅力是一种通过培养能获得的心境。与其他所有心境一样,毅力是以明确的动机为基础,这些动机有:

1. 明确的目标。知道自己想要什么,这是培养毅力的第一步,可能是最重要的一步。一个强烈的动机会促使人们去克服困难。
2. 欲望。如果欲望强烈,那么要获得并保持毅力就相对容易。
3. 自立。相信自己有能力实施计划,并激励自己依靠毅力克服实现计划中的任何困难(运用"自我暗示"章节的法则培养)。
4. 明确的计划。有组织的计划可激发毅力,即使这些计划存在缺陷而且不切实际。
5. 准确的知识。基于分析或者经验的基础上制订可靠的计划会激发毅力;"猜测"而非"了解"会摧毁毅力。
6. 合作精神。互相之间达成谅解与合作,往往培养出毅力。
7. 意志。集中思想制订实现具体目标的明确计划,也能够培养毅力。
8. 习惯。毅力是习惯的直接结果。人类的意识会对日常经历整理、吸收并成为日常经历的一部分。比如恐惧，我们最大的敌人，可以被反复的勇敢行为所有效克服。在战争中服过役的军人都明白这个道理。

在结束毅力这个话题之前，分析一下自己，看看你究竟缺乏什么。要拿出勇气来认真地评判自己，看看在上述毅力的八大要素中，缺少什么，这样做会帮助你进一步了解自己。

缺乏毅力的症状

由此你会发现阻碍你获得成就的真正敌人。你不仅会发现自己缺乏毅力的表现，还会找出造成这些弱点的潜意识原因。如果你希望了解自己以及自己的能力，你得仔细研究下列清单并且直面自己。所有想拥有财富的人，都必须克服这些弱点。

这些弱点表现在以下方面：

1. 不知道并且无法明确说出自己想要的是什么。
2. 有原因或无原因的拖延（通常会用许多借口与理由来掩饰）。
3. 对于获取专业知识不感兴趣。
4. 犹豫不决，在所有的场合都推诿责任（会有一大堆借口），不敢正视问题。
5. 依赖各种借口，不能制订明确的计划来解决问题。
6. 自我满足。这种病没有解药，患此毛病的人毫无希望。
7. 漠不关心。这种弱点通常表现为对所有的事只求妥协，而不想寻求其对立面并为之抗争。

8. 将自己的错误归咎于别人，并且对不利的环境逆来顺受。

9. 缺乏欲望。这是因为忽视了动机选择来激励行动。

10. 有欲望，但遇到挫折就不堪一击。

11. 缺乏精心的规划，没有用书面形式记录并且分析。

12. 不能果断决策，当机会来临时没有立即抓住。

13. 以臆想代替意志。

14. 安于贫困的心态，没有雄心去行动起来，去成为自己想成为的人，做自己想做的事，并且拥有想要的东西。

15. 试图寻找发财的捷径，试图不劳而获，通常体现为赌博癖好和讨价还价。

16. 畏惧批评。因为担心他人的想法、言语和反应，就不愿制订计划并将其付诸实施。这是清单里的头号敌人，因为它往往隐藏在潜意识中，不被人察觉（详见下一章的"六种基本恐惧"）。

让我们来看看害怕批评的表现。大多数人受亲人、朋友和公共环境影响太深，导致他们无法过自己的生活，因为害怕批评。

很多人在婚姻问题上犯了错误，将错就错，导致一生痛苦、没有幸福，因为他们害怕纠正错误后旁人的批评声（任何屈服于这种恐惧的人清楚其带来的危害，它会摧毁雄心壮志、自励精神和欲望）。

上百万人在离开学校之后，就不再继续接受教育，因为他们害怕旁人的批评声。

不计其数的人，都放任自己的亲人以"责任"的名义破坏他们的生活，根源在于他们害怕批评（责任并不要求你牺牲自己的进取心和选择自己生活的权利）。

人们拒绝在生意上冒险，因为他们害怕失败后接踵而来的批评。他们害怕批评，这种害怕比成功的欲望还要强烈。

许多人不想给自己设立远大的目标，甚至不愿选择一项事业，因为他们怕亲人和"朋友"的批评，担心亲戚朋友会说："不要好高骛远，别人会以为你疯了呢！"

当安德鲁·卡内基建议我用20年的时间来编写成功学的书时，我的第一个念头就是担心旁人会怎么看。这个建议大大超出我预期的目标。我立马想出了一些借口与托词，所有这些都根源于内心对批评的恐惧。内心有一个声音告诉我："你不能做这件事——它太大了，而且很耗费时间。你的亲人会怎么看？你怎么养活自己？从来没有人写过关于成功学的书，你凭什么相信自己就可以？而且，你太自不量力了，凭什么设定那么高的目标？记住你卑微的出身——你懂多少哲学，别人会认为你疯了（的确有人这样认为）。为什么之前没有别人做过这件事？"

诸如此类的问题涌入我的脑海，并令我头痛。似乎全世界的注意力都集中在我身上，嘲笑我放弃所有的欲望，不要接受卡内基先生的提议。

我曾有机会在野心控制自己之前消灭它。后来，分析了上千人以后，我认识到多数想法来源于明确的计划与迅速的行动。发展想法的最佳时机就是在它诞生之际。怕别人批评、指责、讥笑，就会使你的想法永无出头之日。许多人相信物质上的成功是运气的结果。这有一定的根据，但是完全依靠运气的人，几乎总是会失望，因为他们忽视了另一个重要的因素，一个成功必不可少的因素：知识可以带来机遇。

在大萧条时期,喜剧演员W.C.菲伍德损失了所有的钱,他不仅失了业,还没了收入。他以前的饭碗（歌舞杂耍）也不复存在了。更重要的是，他年过花甲，但是他并不服老。他迫切地希望重返舞台，而且在新的领域（电影）提供无偿表演。然而事情的发展总是不如人意，他摔倒了，还伤了脖子。很多情况都迫使他放弃，但是菲尔德坚持不懈。他知道如果继续坚持，就能立即得到机会。后来他的确得到了机会，但绝不是靠运气。

玛丽·屈丝勒在将近 60 岁的时候跌入人生谷底——钱没了，工作也没了。她也积极寻找机遇，结果得到了。她的毅力造就了其晚年的惊人成就，而大多数男男女女还没到这个年纪就早已失去了斗志。

艾迪·康泰在 1929 年的股票危机中倾家荡产，但他仍然充满毅力和勇气。凭着毅力、勇气和敏锐的洞察力，他得到了每周 1 万美元的工作！真的，只要你有毅力，即使有其他方面的不足，也将能过上好日子。

人人都能做到的突破或机遇就是突破自我。这些突破都是靠毅力实现的，实现的起点就是明确的目标。

测试一下你遇到的 100 位人，问他们最想要什么，其中 98 位答不上来。如果你追着问他们要答案，有些人可能会说安稳，多数人会说钱，小部分人会说幸福，还有人会说名和利，一些人则说社会认可、生活舒适、能歌善舞和写作的才能，但是没有人会说出具体的职位，也没有人会去描述实现这些模糊愿望的计划。财富不会搭理这些愿望，财富只会回应那些有着强烈欲望支持并持之以恒实践的明确计划。

培养毅力只需简单的四个步骤，不需要多么大的智慧，也不需要多高的学历，只需要小小的时间和努力。必要的步骤有：

1. 明确的目标以及实现目标的强烈欲望。
2. 明确的计划并为之持续付出行动。
3. 一颗对负面和消极影响坚决抵制的内心，包括亲人、朋友和熟人的消极意见。

4. 有一个融洽的朋友圈子，有一两个人鼓励你坚持自己的计划和目标。

这四个步骤对各行各业领域的成功至关重要。成功十三条法则的最终目标就是让你把上述步骤内化为习惯。

通过这四步可以掌控人的经济命运。
这些步骤带给人思想自由和独立。
这些步骤会带给你大大小小的财富。
这些步骤会带给你权利、名气和普遍认可。
这四步能保障有利的机遇。
这些步骤能把梦想转化为物质现实。
当然，这些步骤还能帮你克服恐惧、消极和冷漠。

遵循这四个步骤的人将获得巨额回报。每个人都有权写下自己的选择，不论代价如何，都能使生命充满收获。

我大胆猜想温莎公爵夫人的爱情绝非偶然，也并非什么有利时机的结果，虽然我不清楚真实情况。她内心有着强烈的欲望，因此在寻爱的道路上小心翼翼。她的首要责任就是去爱。世界上最伟大的东西是什么？大师们说是爱情、是爱，而不是人为的条条框框、批评、辛酸、诽谤或政治婚姻。

在她遇到爱德华八世很早以前，她就清楚自己想要的是什么。虽然她两度失败，但还是勇敢地继续追寻爱情。"做真实的自己，忠于自己，坚信自己是正确的，这样你就不会错。"

她一鸣惊人的过程是循序渐进、持之以恒的，而且十分明确！尽管机会渺茫，她还是胜利了；而且，不管你是谁，你怎么评价温莎公爵夫人，这位让爱德华八世抛弃江山为红颜的女子，其经历最佳诠释了毅力。她教给整个世界自我决定的原则，并使众人获益匪浅。

你要仔细品味温莎公爵夫人和爱德华八世，后者不惜用大英帝国换取爱情。有些女性总是抱怨现在的世界是男人的天下，女性根本没有平等的机会，请仔细品味这位不同寻常的女人。在大多数女人认为"芳华不再"的年龄，她却俘获了世界级黄金单身汉的心。

那么爱德华八世呢？我们可以从这段近代史上世界级的佳话里学到什么呢？为了一个女人的爱，他付出如此大的代价值得吗？

当然只有他自己才能给出正确的答案，剩下的人只能猜测。我们知道帝王家的出身不是他能决定的，他一出生便坐拥巨额财富。他一直在寻求合适的婚姻。欧洲各国的政客们将贵妇、公主送到他跟前，因为他是长子，他会继承王位。40多年来，他一直感到不自由，过着自己不想要的生活，没有什么隐私，继承王位后更是肩挑重担。

有人会说："爱德华八世坐拥了天下，他应该很满足，活得很开心啊。"事实是，虽然王位能带给他财富、名利和权力，但这些都无法填补其内心的空虚，除了爱。

他最大的渴望便是爱。在他遇到温莎公爵夫人之前，他感受着宇宙间最伟大情感，它牵动着心弦，敲打着心灵，渴望着表达自己。

当他遇到另一个志同道合的灵魂，追逐着同样神圣的情感，他立马坚定并且毫无畏惧地向她敞开心扉。世界所有的丑闻散布者都无法破坏这个美丽的故事。一对两情相悦的佳偶得到了爱情，一起直面流言蜚语，放弃所有浮华只为坚守这份爱。

爱德华八世为了能与心爱的女子共度余生，放弃了"日不落帝国"的王位。这个决定显然付出了代价，但是谁有资格说这个代价太大？当然没有。耶稣说："你们中谁无罪，就可以先拿起石头砸别人。"

这句话奉送给那些心存恶念，指责温莎公爵的人。因为他对爱的渴望，对夫人公开地表达他的爱，并为了她放弃王位。请记住爱德华公开声明并不是关键。他本可以把这个女子收为情妇，暗中往来，这是数世纪以来欧洲王室的惯常做法。他本不用公开放弃王位，不用公开选择这个女子，也就不会受到教堂和世人的指责。但这位不同寻常的男子内心十分坚定，他的爱如此纯粹、深沉且真挚。这说明一件事，为了内心真正的渴望，他可放弃一切。

如果欧洲有更多像爱德华八世一样充满人性和诚挚的人，那么在18世纪，这个充斥着贪婪、憎恨、淫欲、政治勾结和战争威胁的欧洲可能会完全不同而且更加美好。

我们用史都华·奥斯汀·威尔的话向爱德华八世和温莎公爵夫人致敬：

那些发现内心最柔软和最美好想法的人，都是有福的。

那些在黑暗中能看到爱的光芒并为之歌唱的人是有福的。他会唱"比甜言蜜语更美好的是，我现在整个脑子里全是你"。

我们用这两句话祝福天堂的这对佳偶，他们为了生命中最宝贵的财富——爱情，而遭受了有史以来最恶毒的批判。

世界上大多数人为温莎公爵夫妇高兴，因为他们坚持不懈而终成佳话。我们在追逐生命的意义时，如果学习这对佳人的精神，将会大有裨益。

是怎样神奇的力量给了人们战胜困难的毅力？毅力的品质是以灵魂、精神和化学反应给人超能量吗？对于就算遭到全世界人反对的人，但是失败后仍然勇往直前的人，无穷智慧站在他们那边吗？

当我观察像亨利·福特这样白手起家的成功人士的时候，还有很多类似的问题浮现在脑海。他们刚开始一穷二白，凭借毅力打出了自己的天下。比方说，发明大王爱迪生，他才接受了三个月的正规学校教育，却凭借毅力发明了电话、摄影机和白炽灯，更不必说其他 50 多件广泛用于日常生活的发明。

我有幸年复一年地研究爱迪生和福特先生，因为近距离地研究过他们，所以当我说任何品质都比不上毅力的时候，我有凭有据。只有毅力才能成就大事业。

当研究先知、哲学家和宗教领袖的时候，人们总是会得出这样的结论——毅力、努力和明确的目标是成就的主要源泉。

比方说接下来要讲的关于穆罕默德的动人故事；通过分析他的生平，将他与当代产业和金融领域的伟人相比较，你就会发现他们都拥有共同的特殊品质——毅力。

如果你热衷于研究毅力的能量，可以阅读穆罕默德的传记，尤其是艾萨德·贝伊所写的那本。从这本书的简短书评里，你就能感受到人类文明史上最强的毅力。

最后的先知

穆罕默德是一位先知，但他却从未使用过神力。他不是一位神秘主义者，也从未受过正式的教育。他直到 40 岁时才开始传教工作。当他宣称自己是神的使者，带来了真正的真主福音时，人们嘲讽他，并视他为疯子。孩子们使坏绊倒他，妇女们向他投掷泥块。他被逐出家乡麦加，他的财产被剥夺，后来又被流放到了沙漠。他传教 10 年，毫无收获，除了被流放、忍受贫穷并且受尽嘲笑。直至传教的第二个 10 年即将结束时，他成了阿拉伯世界的统领者——麦加的统治者和一个新的世界性宗教的领袖。这个新宗教一直传播至多瑙河和比利牛斯山一带时，它的影响力才渐渐消失。这个冲击力有三个方面：语言、祈祷、人与神的同族关系。

穆罕默德的宗教生涯很难被人们所理解。他出生在麦加的一个败落的世家中。麦加是世界的十字路口，是黑石圣堂（天房，音译克尔白，指圣地麦加城大清真寺广场中央供有神圣黑石的著名方形石殿——编者注）的所在地，是一个贸易城市和贸易路线的中心，所以它是一个"有碍健康"的城市。城里的小孩都被送到沙漠里，给游牧的阿拉伯人抚养。穆罕默德从游牧民族的奶汁中汲取了精神力量并获得健康的身体。他照看羊群，后来被一位富有的寡妇雇用，担任旅行商队的领队。他在世界各地旅行，和有着不同信仰的人们谈话，并目睹了基督教各个教派之间的战争。28 岁时，富孀赫蒂彻看上了他，要与他成婚。但赫蒂彻的父亲反对，于是她把父亲灌醉，在他不清醒的情况下为他们送上了婚姻祝福。后来的 12 年里，穆罕默德成为一位富有而且受人尊敬的商人。再后来他去沙漠慢行，有一天带回了《古兰经》。他告诉妻子，安拉派遣大天使哲布勒伊来向他传达旨意，并首次向他启示了《古兰经》，授命他作为安拉在人间的"使者"，向世人传警告、报喜讯。

《古兰经》，揭示神的语言，是穆罕默德一生中近似奇迹的事。他并不是诗人，也没有运用文字的才能，但是他从神那儿获得灵感写出了《古兰经》，并朗诵给信徒们听，这比各民族诗人所创作出来的诗句都好。阿拉伯人认为，仅这一点便是奇迹。他们认为遣词造句是最大的才能，诗人的力量是最伟大的。

但是《古兰经》中所说的：所有人在神面前一律平等，世界应当是一个民主的国家——这样的"异说"，以及穆罕默德企图毁去黑石圣堂的360尊偶像，导致他被放逐。多数阿拉伯人崇拜这些偶像，麦加的贵族可以借此敛财。所以麦加的商人攻击穆罕默德，他只得退居沙漠，并在那里准备谋取世界的主权。

伊斯兰教最终繁荣起来。沙漠上燃起了一股不灭的火焰——一支民主的军队，他们万众一心地进行战斗，随时准备赴难。穆罕默德邀请犹太教徒、基督教徒与他携手合作。他呼求所有信仰神的人都团结在一起。如果犹太教、基督教与他合作，那么伊斯兰教就会征服全世界。但是，合作没能成功，他们没有接受穆罕默德的邀请。他们只接受了伊斯兰教的一个观念——一个关于学习的地方——大学。

第十章
从智囊团获得力量

致富第九步

要想成功地积累财富,力量必不可少。

如果没有足够的力量将计划付诸实践,那么计划不仅无效而且无用。本章描述个体可以获得并且运用力量的方法。

力量被定义为:有组织地指导下的知识。此处所指的"力量"是有组织地努力,能够将个人欲望转化为金钱。两个或以上的人齐心协力,朝着一个明确的目标使劲。

积累财富需要力量!积累财富之后的扩张也需要力量!

让我们弄清楚力量是如何获得的。如果说力量是"有组织的知识",让我们来检测知识的来源。

1. 无穷智慧。运用创造性想象力,遵循另一章描述的步骤,你就能获得这一来源。

2. 丰富的经验。人所积累的经验可以在所有配备齐全的公立图书馆里找到。这些积累的经验在公立学校和学院里被归类,其重要部分传授给了学生。

3. 实验和研究。在科学领域和生活中几乎所有行业,人们都在收集、归类和组织日常的新现象。人们无法通过"积累的经验"获得的知识可以从实验和研究中获得。这个来源经常会用到创造性想象力。

知识可以从上述来源中获得。将知识组织为明确的计划和实施计划的行动,它就能成为力量。

三大主要的知识来源揭示出,如果你单打独斗,要将知识整合融入实用的具体计划里是多么的困难。如果你的计划十分详尽,并且考虑到了绝大部分事项,但在计划获得力量之前,你必须吸引其他人共同合作。

从智囊团获取力量

"智囊团"可被定义为:两个或以上的人,为了一个确切的目标,本着协作的精神,协调彼此的知识与努力。

如果不是得益于智囊团,任何个体都不可能拥有巨大的力量。在前一章里,笔者已经给出了如何制订计划,把欲望转化为金钱的指导。如果你遵循这些指导,精心挑选智囊团成员,你其实已经事半功倍了,只不过自己并未察觉。

借助智囊团,你能更好地理解"无形"的助力。智囊团法则有两大特征：一个是经济特征，另一个是心灵特征。经济特征显而易见。你身边围着一群人，他们全心全意帮助你，给你建议、咨询和帮助，创造经济效益。这种合作形式几乎是每笔财富创造的基础。对这个真理的认识将决定你的经济地位。

智囊团法则的心灵阶段更为抽象，更难以理解，因为它所代表的精神力量都没有很好地被整个人类所发现。从这句话里你所得到的箴言是："如果没有无形的第三方力量，两个心灵绝对无法走到一起。"

请牢记一个事实：偌大的宇宙只存在两种已知元素，能量和物质。众所周知，物质可以进一步分解为分子、原子和电子。这些物质单元可以被隔离、拆分，然后进行分析。

同理，能量也有构成单元。

人的内心是一种能量形态，其中部分为精神。当两个人内心达到"心灵的和谐"，每颗心的精神能量单元就会互相吸引，这便是智囊团的精神阶段。

智囊团法则，或者说其经济特征，最初是卡内基先生在 25 年前提醒我的。发现该法则决定了我毕生的事业。

卡内基先生的智囊团约有 50 人，他和智囊团共同为了生产和营销钢产品的目标而努力。他把毕生的财富归功于通过这个智囊团所获取的力量。

分析任何富豪财富积累经历，你就会发现他们总是有意识或者无意识地应用了智囊团法则。

巨大的力量只能通过智囊团法则，积累能量是大自然的通用建筑材料，它建造了宇宙里的一切物质，包括人类、动物和植物。大自然通过一个只有自己完全了解的程序，将能量转换为物质。

人类可以获得大自然的建筑材料，它就存在于思考的能量里！人脑可以与电池媲美。它可以从万物中吸收能量，这些能量能穿透物质的每一个原子，填满整个宇宙。

众所周知，一个电池组提供的能量远比一块电池多得多。大家还知道，一块电池所提供的能量大小取决于内含的电池片数量和储能。

人脑以类似的方式运转。这就能解释为什么有些大脑相对而言更加高效，从而引导我们得出极其重要的结论——一群和谐合作的人脑提供的思想能量比单一的人脑多得多，正如电池组提供的能量远比一块电池要多。

这个比喻揭示了智囊团法则的秘诀——被智囊团包围的个体能获得强大的力量。

这引出了下一个结论，它与智囊团法则的精神阶段相似：当一群人互相合作，通过合作所创造的新增能量能被这个群体的每个人脑所获得。

众所周知，汽车之父亨利·福特创业时身无分文，学历低而且对这个行业一无所知。在短短10年里，福特先生克服了这三项弱点，而且用了25年时间成为全美最富裕的人。如果你知道福特先生事业的拐点发生在他与爱迪生成为私交后，你就会明白好的影响是多么重要。再进一步分析，福特先生最伟大的成就始于其结识轮胎制造商哈维·塞缪尔·费尔斯通、作家约翰·布洛斯和植物学家卢瑟·伯班克，这些人都拥有发达的大脑，这再次证明心灵沟通能创造出力量。

毫无疑问福特是彼时商界和工业界最神通广大的人。他坐拥的财富毋庸置疑。分析一下福特先生的几位好友，你就能较好地理解下面这句话：

往往志趣相投且和谐相处的朋友会被吸引到一起，他们互相学习彼此的好习惯，并且获得思维的力量。

福特之所以能够克服贫穷、低学历和无知的劣势，靠的就是向这些伟大的心灵走近，用他们的学识充实自己。通过与爱迪生、布洛斯、伯班克和费尔斯通这些伟大人物的交往，福特吸收了他们的智慧、经验、知识和精神力量，从而丰富了自己的大脑储备。福特通过本书描述的步骤，合理地应用了智囊团法则。

你也可以运用这一法则！

作者之前提到过圣雄甘地。也许绝大多数听说过甘地的人都认为他不过是个奇怪的小个子，他四处走动，衣不遮体，还老给英国政府找麻烦。

事实上，甘地不是怪人，而是那个年代最强大的人（就追随者的数量而言）。而且，他很可能是古往今来最有力量的人。尽管他的力量是被动的，却也真实。

让我们来研究甘地获得巨大力量的方法。他带领 2 亿印度人民携手合作，同心同德，为共同的目标去奋斗。

简言之，甘地创造了奇迹。奇迹之所以产生，是因为 2 亿印度人民自愿地合作，而非被迫如此。如果你怀疑，不妨自己尝试吸引任意两个人永远而且和谐地与你合作。

任何经营者都清楚，要使员工团结一心是多么困难。

在力量的主要来源清单上，位居首位的是无穷智慧。当两人或以上的人精诚协作，朝着一个确切的目标努力，他们能通过合作，直接从无穷智慧的巨大储能仓里吸收力量。这便是力量最伟大的来源。这是天才和伟大的领袖致力于寻找的来源。

另外两大力量的来源是知识，但知识并不比人的五大感官更可靠。只有无穷智慧绝不会犯错。

接下来的章节将会详细地描述接近无穷智慧的最佳方法。

这并非宗教课程。本书所描述的基本原则并非企图直接或者间接地干涉任何人的宗教信仰。这本书唯一的目的就是指导读者如何将欲望的确切目标转化为金钱。

阅读、思考并冥思，然后整个主题就随之显现，你会得出自己的见解，理解每一章的细节。

金钱就像旧时代的少女，害羞且令人捉摸不透。你必须用尽方法去追求她，就像追求少女的爱一般。而且神奇的是，追求金钱所需的力量与追求少女所需的力量大同小异。这股力量必须与信念结合，你才能成功。它还必须与欲望结合，与毅力结合，并且通过具体的计划付诸实施。

当滚滚财源如流水一般轻易地从山顶流下，似乎其中有一股看不见的力量：它一方面引领人攀登财富的高峰，另一方面又将无缘获得财富的人引向不幸与贫穷。

所有积累了巨额财富的人都承认生命的这股力量。积极的思想把人引向财富，消极的思想则把人推向贫穷。

对那些遵循本书指导以追求财富的人而言，其中包含的道理至关重要。如果你的力量处于贫穷的一边，这个道理可以成为桨，帮助你划到力量的另一边。你只有通过应用这些指导才能产生效果，仅仅靠阅读或者评论绝不会对你产生益处。

有的人会有这样的经历，总是在积极情绪和消极情绪之间徘徊。1929年的华尔街金融危机使上百万人由积极面转向消极面。数百万人在失望和恐惧里挣扎，企图找回积极的力量。这本书就是为他们而写。

贫穷和富裕瞬息万变。金融危机教给世界这个道理，尽管世界不会牢记这个教训。贫穷容易，富裕难，实现前者向后者的转变通常需要精心规划并详细实施计划。贫穷则不需要计划，它不需要助力，因为它冷酷无情。富裕则腼腆而胆怯，它需要被"吸引"。

任何人都想致富，但只有少部分人明白，明确的计划融合强烈的欲望才是硬道理。

第十一章
性的神秘

致富第十步

"质变"这个词,简单而言,就是指"一种元素或者能量形式本质的转变"。

性的情感是一种心态。

由于缺乏对这个话题的了解,性的情感通常被认为与肉体相关。由于多数人在获取性知识的过程受到不良的影响,因此有些生理方面的本质问题遭到了极度偏见。

性情感背后有三项建设性潜力做后盾,这三项潜力是:

1. 人类的绵延。

2. 保持健康（最佳的心灵治疗手段）。

3. 将平庸之辈转变为天才。

性的力量简单且易于解释，它意味着将肉体表达的思想转化为其他性质的思想。

性欲是最强大的欲望。

在这种欲望的驱动下，人会培养出不曾有过的敏锐想象力、勇气、意志力以及创造力。渴求性接触的欲望是如此强烈而紧迫，因此人们不惜冒着失去生命与名誉的危险，沉溺其中。若是对这股力量加以利用或在其他方面加以指导，保持其想象力和勇气的特性，它将成为行业的强大创造力，比如文学、艺术以及其他任何行业与事业，当然也包括积累财富。

转化性的能量确实需要磨炼意志力，但是付出就有回报。性的欲望是与生俱来而且自然，这股欲望不能被抑制或扼杀。它需要通过表达发泄出来，这能滋养人的身心。如果没有这个情感宣泄口，它会转而寻求简单的肉体渠道。

也许人们可以修筑堤坝，暂时控制河流的水量，但这股水流会被迫寻找宣泄口。性的情感也是如此。也许在一段时间内，人能够压制或者控制这种情感，但是由于它的自然本性，它会转而寻求其他的手段去表达。如果不把性欲转变成某种创造力，那么它将寻求一种没有什么价值的方式去发泄。

幸运的是，通过创造性的方式宣泄情感的人会成为天才。科学研究已经揭示了这些显著的事实：

1. 取得大成就的人通常拥有丰富的性情感，而且掌握了升华性情感的艺术。
2. 在文学、艺术、工业、建筑和其他专业领域积累了巨额财富的男人，往往受到其"背后的女人"的影响。

两千多年前的生物和历史记载均表明那些取得了巨大成就的男人女人，都拥有极其丰富的性情感。

性的情感是一股"难以抗拒的力量"，稳如磐石的肉体也难以抵挡。当人受到这种情感驱使的时候，他的行动就产生了超能量。理解这个道理，你就会明白"性的转化将使人成为天才"这句话的意义。

性的情感包含创造力的秘诀。

不管是人还是动物，一旦性器官被破坏，便丧失了主要的行动力。为了证明这个观点，你可以去观察动物被阉割后的状态。公牛被阉割后，变得像奶牛一般温顺。不论是人还是野兽，改变雄性的性能力意味着夺走他们所有的斗志。

十大心灵刺激

人的内心会对刺激产生反应，表现为高频率的振动，也就是热情、创造性想象力、热切的欲望等。内心回应最多的刺激是：

1. 性表达的欲望。
2. 爱。
3. 对名利或者金钱的强烈欲望。
4. 音乐。

5. 对同性或者异性的友谊。

6. 两人或以上的人为了精神或事业组成智囊团。

7. 感同身受，例如圣人为了人民而殒命。

8. 自我暗示。

9. 害怕。

10. 毒品和酒精。

性表达的欲望位列榜首，它可以加速人的大脑运转并且加快行动的步伐。八种刺激自然且积极。另外两种是破坏性的。笔者之所以列出这个清单，就是让你对心灵刺激的主要来源进行比较研究。你可以从这项研究中发现，性情感出乎意料地成为心灵刺激里最强烈而且强大的刺激。

这个对比研究是"性能量的转化使人成为天才"的证据基石。让我们来寻找构成天才的因素。一些自作聪明的人曾说天才都是"蓄长发、吃怪异食物的独居者，而且他们往往成为笑料"。对天才更好的定义是：一个发现如何通过加速思维运转而与知识源泉自如交流的人。

一个善于思考的人可能会提出相应的问题。首要问题便是，"天才怎样与这些寻常感受不到的知识源泉进行沟通？"

第二个问题是，"是否存在一些只有天才才能得到的知识？如果是的话，这些知识源泉都是什么，具体怎样接近这些源泉呢？"

我们应当提供相关证据以证明本书里提到的重要的言论至少经得起检验，然后再给出上述问题的答案。

"天才"通过第六感成长

第六感就是"创造性的想象力"。大多数人整个一生都不会用到创造性想象力。那些自主使用这一能力的人，能充分理解其功能，他们是天才。创造性想象力的大脑部分直接与无穷智慧沟通。宗教里所说的所有"神的启示"，以及所有发明领域的新发现，都通过创造性想象力产生。

当人内心思绪如泉涌时，通常我们称之为"预感"，它们往往来自以下源头：

1. 有限智慧。
2. 人的潜意识，它储存了经由五大感官传递至人脑的所有感觉和思想冲动。
3. 从他人的大脑释放出的想法、主意或者概念。
4. 从潜意识的仓储室释放出的想法。

没有其他已知的来源能够释放出富有灵感的想法或"预感"。

当内心想法以前所未有的频率运转，就是创造性想象力的运作状态最佳的时候。也就是说，内心思想的振动比寻常思想的振动频率要高。

当大脑受心灵刺激物所激励，这比普通的想法带给个人的影响更大，并带给人在较低层面无法获得的思想高度、广度和质量，比如说当你思考商业或者专业问题的解决方案时。

当你的思想通过激励提升至一定高度，就像飞机从跑道升起一样，人能从空中看到更广阔的视线。而且这种激励不会限制人的眼界，不会仅把人的思想定格在基本的衣食住行上。他的思想世界不再平庸、机械，就像当飞机上升至一定高度，打破了高山和山谷的视觉局限。

当人站在这样的思想高度时，创造力思想便可以自由行动。第六感已经清除了其自由运行的障碍，它能够吸收更多的想法。第六感区分了天才和普通人。

创造力对源于潜意识的思想更加敏感且包容。你越多地运用创造力，就会更加依赖它。这种能力只有多用才能被开发与培养起来。

众所周知的"良知"也是完全通过第六感运转。

伟大的艺术家、作家、音乐家和诗人之所以伟大，因为他们习惯于倾听内心的"微弱声音"，这个声音由创造性想象力所产生。大家都清楚，那些充满想象力的人，他们得到的最佳主意往往来自"预感"。

有一位著名的演说家在演讲时平平无奇，突然闭上双眼，完全依靠创造性想象力来发挥。当人们问他，怎么会想到在演讲高潮时闭上双眼，他回答道："我之所以这么做，因为这样就能与内心深处的想法对话。"美国最成功、最著名的一位金融家也养成这样一种习惯，当他做决定前，总是静闭双眼两至三分钟。当人们问他为何如此，他回答："当双眼静闭的时候，我能从高级智慧那里获得灵感。"

已故的埃尔默·盖茨博士创造了200项实用专利，其中许多都是对创造性想象力的基础性开发和利用。盖茨博士的方法对于那些志在成为天才的人而言，意义非凡而且十分有趣，而盖茨博士毫无疑问也是这样的人。盖茨博士是世界上知名度不太高却十分伟大的科学家之一。

在实验室里，他拥有自己命名的"私人交流室"。这个房间的隔音效果非常好，而且所有的照明都可以被关闭。房间内有一小张桌子，上面永远放着一块用来书写的木板。在桌子前方的墙上，有一个电动按钮，它控制整个室内的照明。当盖茨博士急于从创造性想象力里吸取能量的时候，他就会走进房间，坐在桌子旁边，关掉所有的灯光，把全部注意力集中在他正在攻克的发明上。他一直保持这个姿势，直到灵感闪入脑海。

有一次，灵感来得如此迅猛，他不得不在纸上连续写了3个小时。当思想不再涌入，他检查自己的笔记，发现笔记里描述的是前所未有的数据发现。

解决问题的答案也巧妙地呈现在这些笔记里。通过这种方法，盖茨博士创造了200多项专利。相关证据可以在美国专利局的记载里找到。

盖茨博士通过给个人和公司提供想法而谋生。美国几家大企业按小时给他计算报酬，只为获取与他"座谈"的机会。

说理能力往往存在缺点，因为它很大程度上受到人们已知经验的影响。并非所有通过"经验"获得的指示都是准确的。从创造力获得的想法更加可靠，因为其来源比任何从说理思维获得的来源更可信。

天才与"疯子"发明家的主要差别在于，天才通过创造性想象力创作，而疯子对他的这种能力浑然不知。科学发明家（如爱迪生先生和盖茨博士）都拥有同时利用并且合成创造性想象力的能力。

比如，科学发明家或者"天才"，在发明创造之初会通过合成能力（理性能力）组织并整理已知的想法，或者通过经验积累。如果他发现这些已知知识不足以助他完成发明，他会从创造力吸收知识来源。相应的方法因人而异，但这是发明程序的全部与实质。

1. 他激励自己的思维，所以它能以高于平均水平的频率发出思想振动，这些激励物可以是十大心灵激励的一种或以上，也可以是其他的选择。
2. 他把注意力集中在已经完成的发明部分，并且在内心创造那些未知部分的蓝图。他坚守内心的这份蓝图，直至它被潜意识所吸收，然后便能消除其他一切杂念，等待答案涌入心头。

有时候，答案来得明确且及时。其他时候，答案是否定的，这取决于"第六感"即创造力的开发程度。

爱迪生先生试验了1万种不同的想法组合，直至运用创造力才发明了白炽灯。他创造留声机的经历与之类似。

大量可靠的证据能证明创造性想象力的确存在。通过一项对各个行业学历不太高却成为领军人物的分析可获得证据。林肯是伟大领袖的典范，他发现并且运用了自己的创造性想象力。他遇到安妮·拉特里奇后，受到了爱的激励，便开始发挥这项能力。

历史的记载满是那些关于伟人受了红颜的影响，激发出创造力，从而取得成就的故事。拿破仑就是其中之一。当拿破仑受到第一任妻子约瑟芬的激励时，他变得不可阻挡，使人毫无招架之力。当拿破仑的理性促使他将约瑟芬抛至一边，他便开始走下坡路。他的失败也就为期不远了。

我们可以轻易想到几十位这样全美人民熟知的人物，他们在妻子的激励下攀登高峰。但是抛弃糟糠之妻，另寻新欢后，他们便开始走下坡路并最终毁灭。除了拿破仑，还有其他人也发现了积极的性情感比任何权宜之计都要强大。

人的内心对激励产生回应！

最强大的激励物便是性的情感。当这股驱动力被开发而且转换的时候，它带领人的思想进入另一个高度，并且帮助他们克服那些阻碍他们前进的担忧和烦恼。

不幸的是，只有天才发现了这个道理。其他人接受了性情感的体验，但是并没有发现其最大的潜能——这也就能解释为什么大多数人都无法成为天才。

从天才的传记里我们可以了解到一些事实。笔者列出如下拥有突出成就的人，每个人都拥有丰富的性情感。他们的才华毫无疑问都就是从性情感升华而来的力量中获得。

乔治·华盛顿　　　　托马斯·杰斐逊

拿破仑·波拿马　　　阿尔伯特·哈伯德

威廉·莎士比亚　　　埃尔伯特·盖里

亚伯拉罕·林肯　　　奥斯卡·王尔德

拉尔夫·瓦尔多·爱默生　伍德罗·威尔逊

罗伯特·彭斯　　　　约翰·帕特森

安德鲁·杰克逊　　　恩里科·卡鲁索

你了解的传记知识将帮助你扩充这个名单。如果可以，请在人类文明史上找到所有取得杰出成就的人，看看他们是否受过性本能的驱动。

如果你不愿相信逝者的传记，不妨看看你了解的成功人士，你很难找到一个没有强烈性情感的人。

性能量是所有天才的创造性能量。所有伟大的领袖、创业者和艺术家都不会缺乏性情感的驱动力。

肯定没有人将上述观点误读为所有拥有高昂性情感的人都是天才。只有当一个人通过创造性想象力激发大脑进而获得能量，他才能成为天才。加速心灵振动的首要刺激物就是性能量。仅仅拥有这份能量还无法成为天才，它必须通过物理接触转化为欲望或者行动。

大多数人对性情感存在误解和滥用，所以他们绝不可能成为天才，只能沦为性欲的奴隶。

四十岁困境

笔者从对 25000 多个人的分析中发现，成功人士很少在 40 岁之前有所成就，而且往往在 50 岁以后其成就才突飞猛进。这项发现十分令人震惊，也促使笔者以更加严谨的态度来开展这项为期十二载的研究。

本研究解释了如下现象：为什么大多数人在 50 岁以后才会取得成就，因为他们在此之前过度沉溺于性情绪的肉体表达，所以耗费了能量。大多数人甚至不了解，性欲有着其他的宣泄方式，这些方式比纯粹的肉体表达更有意义。了解这点的大多数人都是在他们的性能力的巅峰时期——40 到 45 岁之间，彼时他们已经浪费了数年的光阴。至此，他们便开始创造惊人的成就。

很多人在四十岁及以后的生活里，能量不断地消耗，而这些能量本可以用来获取更多的利益。

历史上素来不乏这样的案例——靠酒精麻醉与毒品刺激寻求灵感而成为天才的人。埃德加·爱伦·坡在酒精的麻醉下写下了诗作《乌鸦》，"梦见从前没人敢梦见的梦幻"。作家詹姆斯·惠特孔·莱里也是在酒精的影响下创作了最佳作品。或许这就是他看见"现实与梦境有序的交错，河流上的磨坊和溪水上空笼罩的迷雾"。罗伯特·彭斯也是在酒醉时创作了诗句"友谊地久天长，共同举杯，祝友谊地久天长"。

请牢记，许多这样的人最终走向毁灭。大自然早已经准备好将自己的智慧传递给那些用安全健康的方法激励思想的人。迄今还未发现哪项刺激物能替代大自然的激励。

心理学家都知道性欲与精神激励之间存在密切关联——这也能解释一些原始宗教所谓"性兴奋"布道会上的荒诞行为。

人的情感统治着世界，建立了文明。人们总是受自己的行为影响，而非出于理性而是"感觉"。内心的创造力完全受情感支配而行动，而非冷静的理性。人类最强有力的情感便是性情感。笔者已经列出其他的思想激励，但是所有的加起来都无法抗衡性情感的驱动力。

内心激励对思想的影响可以是暂时的也可以是永久的。通过十大激励来源，人可以自主地与无穷智慧交流，进入自己或者天才的潜意识世界。一位培训过3万多名销售人员的教员惊奇地发现，拥有强烈性情感的学员最后成为最有效率的销售员。这个发现可以解释为："个人气场"作为人格要素之一，其实就是性能量。性情感强烈的人总是有强大的气场。充分培养并且了解这种力量，然后将其用到人际交往中，将会大有裨益。这种能量可以通过如下介质与他人沟通：

1. 握手：手与手的触碰能立即感受到对方是否拥有吸引力。
2. 声音的语气：一个人的声音是否像音乐那般悦耳迷人，可以看出这个人是否有吸引力。
3. 身体姿态与举止：性感的人行动敏捷，姿态优雅、自在。
4. 思想交流：高度性感的人能够自主地融合性情感与思想，通过这种方式还能影响到身边的人。
5. 服饰仪容：高度性感的人通常十分注重仪容。他们往往精心搭配衣服的风格，从而表达出自己的个性、特性和面色。

当你雇用销售人员的时候，有能力的销售经理往往最看重的是个人魅力。缺少性能量的人绝不会热情，也不会热情地鼓舞别人。无论推销什么，热情都是销售最必要的品质。

缺乏性情感的公共演讲家、传教士、律师和销售人员终究会失败。结合这一事实——大多数人只能通过情绪被影响，你就能理解性情感对于销售人员的重要性。销售大师之所以如鱼得水，就是因为他们有意识或者无意识地将性情感转换为销售热情。

清楚如何引导自己的性情感，并且将性能量转化为销售的热情与决心，这样的销售人员也就掌握了升华性情感的艺术。大多数成功转换性能量的人，没有意识到自己在做什么，也不清楚自己转换的具体过程。

性能量的转换需要高于常人的意志力。如果你发现很难驾驭自己的意志力，那你可以逐渐掌握，而且努力终会得到回报。

大多数人对于性这个话题表现出无知，再加上别有用心的人故意曲解、丑化，长期以来"性"这个词在文明社会里几乎成为禁忌。

数百万生活在这个启蒙时代的人，内心都拥有复杂的自卑情绪，他们认为强烈的性情感是诅咒。性能量的本质不应成为浪荡者的辩解。只有当性情感被积极而且有区分地利用，才能成为正面情感。性情感可能被滥用，而且往往会贬损而不能充盈人的身心。本章的任务就是要指导读者如何更好地利用这一能量。

成功人士所取得的成就是受到"背后的女人"的激励，这个发现对笔者而言充满意义。多数情况下，这位"背后的女人"都是他们谦逊且端庄的妻子。但有些情况下，灵感的来源可能是"别的女人"。

正如酗酒与暴食一般，过度放纵性欲对身心损害极大。在我们生活的这个年代，纵欲是很寻常的现象。这种纵欲可以解释为什么我们缺乏伟大的领导者。如果过度纵欲消耗精力，没有人能有效利用创造性想象力的力量。

每个聪明的人都清楚，依靠过度的酒精和毒品的刺激，会伤害身体器官和大脑，但并非每个人都意识到过度放纵性欲也是如此。纵欲过度与吸毒上瘾并没有本质区别！二者的情况下，人都丧失了自己的理智。放纵性欲不仅仅毁灭理性与意志，还会导致暂时甚至永久的疯狂。很多臆想病的病因就是过度放纵，忽视了性情感的积极作用。

关于性主题方面的普遍无知源于长期以来笼罩着人们的寂静黑暗。这样的沉默与神秘感对年轻人的性心理产生了影响。结果就是年轻人的好奇心愈发强烈起来，渴求了解更多。所有的立法者和多数内科医生都应该感到羞愧，他们培训了优秀的接班人，却不给他们传递性话题的信息。很少有人在40岁之前获得行业发展的最佳创新力。普通人通常在40至60岁间才拥有最强的创新能力。这些结论基于笔者对上千位男男女女的研究分析而得出。那些40岁之前还未取得成就的人应该感到振奋，你不必害怕时光老去。因为定律告诉我们，接下来的20年，你总能取得最大的收获。所以，你无须怀着忐忑与不安走入这段岁月，而应满怀希望与憧憬。

如果你想要相关的证据，那可以研究全美最成功的那些人。亨利·福特直到40岁，事业才逐步步入正轨。安德鲁·卡内基在收获之前早已经年过40。詹姆斯·希尔40岁时，还在从事发电报的工作。美国成功的工业家和金融家的传记都能证明人在40至60岁能迎来人生的大丰收。

人在30至40岁间学会逐步掌握性情感转化的艺术。这一发现通常是偶然的，而且往往在无意识的情况下发生。人们可能注意到自己的成就在35至40岁期间急速增加，但多数情况下却不清楚个中缘由。因为大自然开始协调个人爱与性的情感，所以人才能吸收如此多的力量，受激励而投身于行动。

单独而言，性情感就是行动的最大驱动力。但是这股力量就像旋风，往往难以控制。当爱的情感融合性的情感，结果便催生冷静、沉着而准确的判断与平衡。当人被欲望驱使去追求异性，如果仅仅基于性的情感，那么他／她本该有能力在事业上成就显著，但由于这种追求，其行为往往是扭曲甚至具有毁灭性。如果只是基于性的动机去追求女性，那么这个男人可能会偷窃、欺骗甚至谋杀。但是如果性情感结合了爱，那么人就会更加理智地采取并权衡自己的行动。

犯罪学家已经发现那些最不知悔改的罪犯可以在爱情的影响下重新做人。这些事实众所周知，但并非人人知晓其中原因。改过自新通常是从内心或者情感层面开始，并非始于大脑的理性部分。改过自新意味着"内心的改变"，而不仅是"改头换面"。人可能会出于理性，改变行为来避免某些后果，但是真心实意的改造只能在欲望的影响下从内心做起。

爱、情爱和性都是激励人产生最大成就的情感。爱就是一个安全阀，努力地确保平衡、镇静与积极。当三种情感结合起来，就能成就天才。然而有些天才并不太清楚爱。他们参与某些毁灭性的活动，至少这些活动对其他人并非公平公正。产业和金融领域有数十位天才，他们靠无情侵害他人而为自己获益。他们根本没有良知。

情感是心境。大自然给了人们"内心的化学过程"，其运作原理与物质的化学反应过程类似。众所周知，化学家把必要的元素融入致命的毒药，在化学反应的作用下，适当比例的物质混合后就不再有害。性与嫉妒的情感若是混合，可以把人变成一头疯狂的野兽。

与任何一种或以上的毁灭性的情感相结合，通过内心的化学反应，很可能成为摧毁公正与公平的毒药。在极端情况下，还可能完全摧毁人的理智。

要想通往天才之路，就需要掌控和利用性、爱和爱情。简言之，这一过程包含如下步骤：

第一，鼓励这三种积极的情感成为内心的主导，摒弃那些毁灭性的情感。内心是习惯的动物。它依附其主导思想而成长壮大。在意志力的作用下，人可以击退内心的消极情绪。通过意志力控制大脑，这并不难，它需要毅力与习惯，其秘诀在于对转换过程的充分理解。当大脑出现任何消极情绪时，可以转换思路，将其转换为积极、富有建设性的情感。

第二，只有靠自我努力才能走向天才之路！仅仅在性能量的驱动下，一个人可能会在金融或者商业领域取得巨大成就，但历史的证据显示，还有其他的品质在敦促他继续向前，而不是故步自封。这个现象值得我们去分析、思考与研究，因为了解这个真理，对于女人和男人都有帮助。如果无视这点，即使坐拥财富仍然过不好这一生。

爱与性的情感总是会留下明确的印记。这些迹象如此明显。被性欲的热情风暴所驱使的人，会通过他的眼神、脸部神情向全世界昭示。爱的情感一旦融合性的情感，便会美化并且改善面部表情。没有哪位性格分析师会告诉你这些——你需要自己领会。

爱的情感激发并培养人的艺术和美学特征。即便爱的火焰随着时间与环境逐渐减弱，它也会在人的心底烙上深深的印记。

爱的记忆从不会消散。当这个激励源头逐渐淡去，记忆会一直盘旋在你的脑海，指导并影响你的行为。每位曾经体验过真爱的人，都知道它会在人心底留下永远的痕迹。爱的影响经久不衰，因为它的本质与灵魂相通。在爱的激励下都无法成就一番事业的人，毫无希望可言——他如同行尸走肉。即便爱的记忆足够激发人的创造力，爱的主要力量也会像火焰一般散去，但是会留下难以磨灭的印记。它的离去往往准备好迎接一份更深厚的爱。

不妨时不时地追溯往昔，将心灵沉浸于往日之爱的美好记忆。这会助你减轻焦虑与烦恼。它给了你逃离现实生活的源头，可谁又知道呢？或许你的内心最终会妥协，当你短暂地沉溺于往昔的美好与计划里，而这些计划可能会改变你整个一生。

如果你相信自己不幸，因为你"曾爱过但最后失去"，打消这个念头。那些曾经真爱过的人，不会失去全部。爱，如此微妙又令人捉摸不透，它的本质转瞬即逝。它高兴的时候便来，然后没有防备地就走了。在你拥有爱的时候尽情享受，且不必担忧它的离去。忧虑无法令爱重回。

也请打消爱不会重来的念头。爱可能会来了又去，并没有数量上的限制，但没有任何两段爱会对人产生相同的影响。通常，一次爱的体验会在内心留下深刻的印记，但是所有爱的体验都是有益的，除非当爱离去之时你变得愤世嫉俗甚至心怀怨恨。

如果人们理解爱与性的情感的不同，就不会对爱失望。最大的不同是，爱是灵魂层面，而性是肉体层面。除了无知与嫉妒，没有哪种经历能像爱的力量对人心造成可能的伤害。

爱，毫无疑问是生命里最棒的体验。它助人直接与无穷智慧沟通。当爱情与性欲结合，它带给人无穷的创造力。爱、性与爱情的情感是成就天才的三角形的三条边。没有其他力量能够造就天才。

爱是一种复杂的情感。对父母之爱、对子女之爱与对爱人之爱截然不同。原因就在于，后者包含了性的情感。

还有就是对自然万物之爱，比如对大自然鬼斧神工的爱。但最强烈、最炽热的爱便是性与爱的结合。没有爱的婚姻，即便其他方面平衡，也不会幸福——通常不会持久。当两种美好的情感相融合，婚姻会带给人一种心态，一种超出尘世而抵达灵魂的心境。

当爱和性相结合，横亘在人类与无穷智慧之间的障碍都会消除。天才便应运而生！

对性的上述解读较以往如此不同。笔者所解读的这种情感超凡脱俗，是由上帝之手亲手打造的美好而积极的东西。如果正确地理解这种情感，就会给婚姻带来和谐。婚姻里的不和谐体现为抱怨，这往往是由于缺乏对性的了解。如果正确地理解爱情和性的作用，那么婚姻里便不会存在所谓的不合。

如果妻子能够理解爱、性与爱情之间的关系，那么丈夫就是幸运的。当这三种感情浑然天成，就会任劳任怨，因为哪怕是最低端的劳动也充满着爱。

有句老话，"成也萧何，败也萧何"。但你并没有很好地理解其含义。"成"与"败"取决于妻子对爱、性与爱情三种情感的理解。

尽管有男人一夫多妻，但生理遗传原因决定了只有妻子对他的影响最大，除非他娶了一位完全合不来的妻子。如果一个女人接受丈夫对其他女人的示好，通常是因为她对性、爱和爱情的无知与冷漠。当然，这个结论的前提是，这对夫妻之间曾经有过真爱。对三种情感的无知还会导致已婚夫妇在日常琐事上的争吵。

男人最大的动力便是取悦他的女人。史前社会优秀的猎人，之所以突出，就是为了取悦女性。在文明社会，人的本质在这方面并没有改变。当今的"猎人"带回家的战利品不再是野生动物的皮毛，而是精美的衣服、昂贵的汽车与累积的财富。男人取悦女人的欲望依然如故。唯一改变的是取悦的方法。那些积累了巨额财富并且坐拥名利的男人，很大程度上是为了取悦自己心爱的女人。

如果男人的生命里没有女人，那么巨额的财富便会黯淡无光。取悦女人是男人与生俱来的欲望，这也给了女人成就或毁灭男人的力量。

理解男人这一本质的女人，会有效利用它，她也不必担心其他女人的竞争。男人在与同性竞争时可以做到坚不可摧，但却轻易被心爱的女人降服。

大多数男人都不会承认自己轻易被心爱的女人所影响，因为其本质渴望成为强者并得到认可。而聪明的女人意识到"男人的特质"，往往也就乐意迎合自己的爱人。

有些男人知道自己会受所爱的女人影响——妻子、子女、母亲和姐妹——但是他们会聪明地抵抗这种影响，因为他们足够聪明，知道"没有那个她的积极影响，没有哪个男人会拥有幸福且完整的生活"。没有意识到这条真理的男人，不具备为心爱的女人去获取成就的权利。

第十二章
潜意识

致富第十一步

潜意识是一个意识场,在这里,每个想法通过五种感官到达客观意识,每种想法被分类与记录,还可以像信件一样被取出和召回。

潜意识接收并且归档任何性质的感官想法。你可以自主地在潜意识里植入任何想转化为物质的计划、想法和目标。潜意识首要作用的是混合了强烈情感的欲望,比如信念。

联想"欲望"一章的相关指导,去实施六个步骤并且遵循关于制订和执行计划的指导,你就会明白这一概念的重要性。

潜意识时刻都在工作。以人类不了解的方式,潜意识从无穷智慧那里获得力量，以最实用的方式运用这种力量，自主地将欲望转化为物质。

你无法完全掌控潜意识，但是你能主动植入任何计划、欲望和目标。用潜意识再读一遍"自省"一章中的指导。

已有大量的证据支持如下观点：潜意识是连接人类有限心智与无穷智慧的纽带，是人类接近无穷智慧的中介。潜意识自身就有能力将思想上升为精神。通过潜意识，祷告便能传递。

潜意识与创造性努力极有可能相关。这样的可能性激励着我们，并使我们心怀敬畏。

我在讨论潜意识的时候，总觉得自己渺小而卑微，也许是因为人类对这个话题的认知少得可怜。潜意识作为人的思想和无穷智慧的沟通桥梁，这种想法本身就是对理性的麻痹。

当你接受潜意识的存在是一个事实，把它理解为将欲望转化为物质的媒介，你会完全明白"欲望"一章里指导的意义。你还会理解为什么笔者一再地劝诫明确自己的欲望，并将其用书面形式表达出来。你在执行这些指导的时候，就会明白毅力十分必要。

十三条法则能够激励你获得抵达并且影响潜意识的能力。如果第一次尝试失败了，不要垂头丧气。记住你可以通过"信念"一章里的指导，自主地通过习惯影响并且指导潜意识。你还没有时间去主宰信念。保持耐心，坚持不懈。

为了激发你的潜意识，笔者将重述信念和自省两章里精彩的言论。记住，你的潜意识会自动运转，不论你是否付出努力去影响它。这当然也意味着所有消极的想法，比如害怕和贫穷都会刺激你的潜意识，除非你掌控这些想法并且给它提供积极的养分。

潜意识不会闲下来！如果你没有将欲望植入潜意识，潜意识会吸收任何想法。不管是消极还是积极的想法,并最终都会从四大源泉抵达潜意识。

当前你要记住自己每天活着,活在进入你潜意识的各种形式的思想冲动里,而你自己浑然不知。有些思想冲动是消极的,有些是积极的。你现在试图阻止消极思想的涌入,并且通过欲望的积极冲动自主地影响自己的潜意识。

当你做到这点的时候,你将会拥有打开潜意识大门的钥匙。而且你能完全掌控这扇门,那么无用的想法就再也无法影响你的潜意识。

人们的创造都始于思维冲动。没有最初的构想,人类什么也无法创造出来。通过想象力,思想冲动可以被纳入计划。一旦掌控了想象力,你就用来构建引领你走向事业成功的计划和目标。

任何思想的冲动都必须经由想象力加工并且融合信念。信念与计划和目标的融合只有通过想象力才能抵达潜意识。

从上文中,你能发现对潜意识的自主利用需要协调和应用所有的法则。

关于潜意识的力量,艾拉·魏乐·威尔考克斯写道:

你永远也不知道想法能做什么

带给你恨或者爱——

因为想法是实在的东西,它们有轻盈的双翼

比信鸽还快。

它们遵循宇宙的法则——万物各从其类

它们沿着自己的轨迹

带回你想要的东西。

威尔考克斯懂得这个道理,任何内心的想法也深深植根于潜意识,它们就像磁石、模式、蓝图，影响着潜意识将其转化为物质。想法是真实的东西，因为每种物质最初都始于思想的能量形式。

混合"感觉"或者"情感"的思想，比起那些理性思维，更容易影响潜意识。实际上，有很多证据支持这一理论——只有那些融合情感的思想才能对潜意识产生行动影响力。众所周知，多数人是受情感支配的动物。如果说潜意识更容易地被情感的思想冲动所影响并做出反应，那么熟悉自己的情感就显得尤为重要。人有七大积极的情感和七大消极的情感。消极的情感自主地融入思想冲动，并抵达潜意识。积极的情感必须通过自省融入情感冲动，并到达潜意识（"自省"一章已经给出了具体指导）。

我们可以把这些情感，或者说感觉冲动比作面包条，因为它们包含了行动力元素，它可以将思想冲动由被动化为主动。因此我们不难理解，为何融合情绪的思想冲动相比于"冷静的理性"所产生的思想冲动，更容易转化为行动。

为了将欲望转变为物质的想法传递给潜意识，你必须能够影响和控制其内在听众。所以了解接触内在听众的方法非常重要。你必须说它的语言，否则它不会听到你的呼唤。它最了解情感的语言。我们在此描述了七大积极情绪和七大消极情绪，所以当你给潜意识下达指示的时候，它能吸收积极的情绪，避免消极的情绪。

七大积极情绪

欲望的情绪

信念的情绪

爱的情绪

性的情绪

热情的情绪

爱情的情绪

希望的情绪

当然还有其他的积极情绪，但上述七大情绪能量最大，最常用于创造性努力。掌控这七大情绪（只能通过使用才能掌控），这样当你需要时，它们随时待命。记住，你正在阅读的这本书旨在向你传递积极的情绪，助你培养"财富意识"。一个人内心如果全是消极情绪，那他根本不可能具有财富意识。

七大消极情绪（要尽量避免）

害怕的情绪

嫉妒的情绪

仇恨的情绪

报复的情绪

贪婪的情绪

迷信的情绪

愤怒的情绪

积极和消极的情绪不可能同时占据内心。必须有一方占据主导。你有责任保障内心主要受积极情绪的支配。习惯法则这时就会来帮你。养成应用和使用积极情绪的习惯！最后，这些情绪会完全掌控你的内心，消极情绪再也无法进入。

只有一五一十、持之以恒地遵循这些指示，你才能完全掌控自己的潜意识。只要你的意识里存在一种消极情绪，就足以摧毁任何潜意识给予的积极帮助的机会。

如果你善于观察，就会注意到多数人在一败涂地之后求助祷告。或者他们祷告时说些毫无意义的话。而且，因为多数人只有在一败涂地的时候才会去祷告，所以他们祷告时内心充满着恐惧和怀疑，而这两种情绪会作用于潜意识，并且传递给无穷智慧。同理，无穷智慧会接受这些情绪，并做出回应。

如果你祈求达成一件事，但抱着恐惧的心态，那你可能无法实现，或者祷告无法对无穷智慧产生影响，最后只是徒劳。

祷告有时候的确能成真。如果你曾有过祈祷应验的经历，找寻你的记忆，回忆祷告时你的心境，便会发现此处描述的不仅仅是理论。

这个国家所有的学校和教育机构开设"祈祷学"课程的时代将会到来，而且，那时候祈祷会成为一门科学。当这样的时代到来（当人类需要而且做足准备时），没有人会抱着恐惧的心态去祈祷，因为那时候不再有恐惧的情绪。无知、迷信和误人子弟的教学均不复存在，人类已经成为无穷智慧的孩子。一些人已经得到了眷顾。

如果你认为上述预言有些牵强附会，不妨回顾一下人类发展历程。约一百年前，人类相信闪电是上帝发怒的象征，而且对此感到害怕。如今，因为信念的力量，人类开发电能用于工业发展。约半个世纪前，人类相信行星之间巨大的空间里什么也没有，只是死寂的虚无。如今，多亏了信念的力量，人类了解到行星之间既不是一片死寂，也非虚无，而是生机勃勃。人类还清楚这种鲜活、跳动而且振荡的能量能渗透到每一个原子，填满空间，连接每个人与其他人的大脑。

人类还有什么理由不相信同样的能量能连接人的大脑和无穷智慧呢？

连接人类有限的思想和无穷智慧的道路上并没有关卡。这样的沟通只需要耐心、信念、毅力、理解和渴望沟通的热忱。而且，这条沟通的道路只能靠每个人自己去搭建。付钱找人替你祈祷，这毫无意义。无穷智慧不接受代理人。你要么亲自与他沟通，要么放弃。

你可以购买一本祷告书，一遍遍地重复书里的内容，直至生命的最后一刻，但这也是徒劳。你期待与无穷智慧沟通的那些想法需要转变，比如那些只能通过潜意识传递给无穷智慧的想法。

你与无穷智慧沟通的方式类似于收音机通过声波振动传递信息的方式。如果你懂得收音机的工作原理，当然也知道声音无法通过空气传播，除非加速至人耳无法察觉的振动速度。无线电广播发送站接收人的声音，然后通过修改，成为上百万次的振动频率。只有这样，声音的振动才能通过空气传播。这样的转变形成后，空气获得能量（最初以声音振动的形式存在），并把能量输送至无线电接收站。这些接收设备设置关卡，使得能量逐渐减速至初始的振动频率，重新识别为声音。

潜意识是中介，它将人的祈祷转换为无穷智慧能够识别的信息，并且回应的答案以明确计划或想法的形式反馈给人脑。理解了这一原理，你就清楚为什么单照着祈祷书念是绝对无法搭建内心与无穷智慧沟通的桥梁。

在你的祈祷抵达无穷智慧之前，它很可能从最初的思想振动转变为精神的振动。信念是唯一能将思想转化为精神的中介。信念与害怕两者水火不容。一旦一方显现，另一方面绝对无法存活。

第十三章
头脑

致富第十二步

二十多年前,作者与已故的亚历山大·格雷厄姆·贝尔博士和厄尔莫·R.盖茨博士合作,他们共同发现每个人的大脑都是一个信号站,发送并接收思想波。其原理与无线广播非常相似,所有人的大脑都能感应思想波,接收他人发出的思想。

本书之前的章节曾提及"创造性想象"。"创造性想象"是大脑的"接收装置",接收他人大脑发出的思想。对于有意识或有逻辑思维的个体来说,"创造性想象"就是交流媒介。从四种不同类型的外来思想渠道中,个体可能会接收到思想的刺激。

大脑受到刺激进入高频振动时,更容易接收思想波。源于外来渠道的思想通过叫作"以太"的这一媒介传达至大脑。这个过程由积极的情绪或消极的情绪引发。这些情绪都可能会提高思想波的频率。

高频振动的思想波，通过以太从一个大脑传递到另一个大脑。思想是一种能量，在极高频率下才能传播。任何重大的情绪都可能改变思想波的频率，使其以一种明显高于平常状态的频率波动。这就是思想在大脑之间的传递，由人类大脑的思想发送装置完成。

从强度和动力这个角度看，在人类的各种情绪中，性的情绪排在最前端。与性爱相关的情绪刺激大脑时，大脑就会以一种非常高的频率波动。此时的频率远远高于这种情绪缺失或处于静态时的频率。

性爱情感的升华结果一方面加快了思想波频率，使其进入"创造性想象"的巅峰阶段，能够感应到传来的各种思想。另一方面，大脑以较高的频率波动时，它不仅能吸收别人的大脑发送出的各种思想，还会给个体的思想一种"感觉"。在大脑接收各种思想并由个体的潜意识做出相应行动前，这种感觉非常关键。

因而你会发现，广播的运作原理类似于你把感觉或情绪与思想混合将其传递到潜意识的关键因素。

潜意识则是大脑的"发送站"，思想脑波由此被传递至外部。"创造性想象"是"接收装置"，思想脑波通过以太这一媒介被接收。

除了潜意识这一重要因素，"创造性想象"的工作也非常重要，二者构成了你思想的发送装置和接收装置。现在，请考虑自我暗示的法则，这是将你的"广播"站投入运行的一种方式。

通过"自我暗示"这一章节描述的指导原则，你现在肯定已经知晓如何将"欲望"转换为金钱。

与之相比，你的思想"广播站"的运行则更为简单。你只需要记住三大法则，当使用你的"广播"站时应用这三大法则——潜意识、创造性想象和自我暗示。你在使用这三大法则时，相应的刺激源为"欲望"（本书已介绍过）。

最强大的力量都是"无形的"

有些力量是无形的，难以用肉眼觉察。之前大多数人可能无法理解这一点，直至经济大萧条。经历大萧条后，人们意识到自己过于依赖感官感觉，将自己对物质世界的认识局限于可看、可摸、可称重和可衡量这四个标准。

我们正踏入一个最为奇妙的时代，这是前所未有的时代，这个时代将带我们领教这个世界的无形力量。经历大萧条后，我们或许能够学会，"另一个自己"远比我们从镜子中看到的那个物质生命体强大得多。

有时，人们会在谈话中轻视无形的物质——那些不能通过五种感官感觉的事物。我们听到他们这种话语时，应该提醒自己：我们所有人都被无形和看不见的力量所控制。

全人类都没有足够的力量来应对或者控制无形的力量。人们理解不了地心引力这种无形的力量，它使我们这个小小的地球悬浮在宇宙中，防止人类从这个星球上消失。与这种力量相比，人的力量微不足道，更不用说去控制这种无形的力量了。人们完全屈服于雷电所带来的无形力量。不仅如此，人甚至不知道电是什么，它从何而来，或者它有何目的！

长久以来，人们忽视看不见的、无形的力量。他不能理解地球泥土中携带的无形力量——这种力量为他提供了食物、衣服和钞票。

关于大脑的戏剧性的故事

最后一点：有教养的人很少理解甚至根本不理解思想的无形力量（所有无形力量中最神奇的力量）。关于大脑的物理性质，以及遍布的神经网络将思想的力量转换为有形的物质，人类知之甚少。所幸，人类正进入一个新时代并开始关注这个时代问题。科学研究人员已经将焦点转向大脑，而且在研究的初级阶段便取得大量发现：人类大脑里连接大脑细胞的线路数量相当于 1 后面加 1500 万位数。

"这个数字太惊人了"，来自芝加哥大学的 C. 贾德森·赫里克博士说，"我们在处理天文时使用的单位为数亿光年，与神经细胞的数量相比，光年都变得微不足道。目前已确认人类大脑皮层上有 100 亿 –140 亿个神经细胞，而且我们知道这些细胞都是按特定的形状分布。这种分布方式并不是杂乱无章的，而是相当井然有序。最近新发明的电生理学方法可以非常精确地定位细胞，捕捉它们的动作电流，或者微电极捕捉纤维的电流。科学家们还可以使用电子管放大它们，并记录可能的电位差，数据可以精确到百万分之一伏特。"

如果仅仅是为了维持生命体的生长存活等基本物理功能，需要如此复杂的网络就十分费解了。这是否为人类与无形力量的交流做好了准备？

恰巧在本书出版前，《纽约时报》发表了一篇文章，提到目前至少有一所大学和一位主攻心智领域的研究学者正对此开展调查。调查得出的许多结论与本章中内容一致，或者与后面的章节一致。这篇文章简要分析了杜克大学的莱恩博士及其同事进行的工作。

"心灵感应"是什么？

一个月前，我们在这一页上引用了杜克大学的莱恩博士及其同事所取得的部分成果。他们开展了数十万次实验，旨在确定"心灵感应"和"先知先觉"是否均存在。《哈珀斯》杂志的前两篇文章总结了其研究结果。在第二篇文章中，针对这些"超感官"的感知模式的确切性质，作者 E.H. 赖特尝试从中进行总结，或者进行合理的推断。

现在，受莱恩博士的实验结果影响，许多科学家认为"心灵感应"和"先知先觉"在现实生活中确实存在。在这项实验里，许多受测者被要求说出经过特殊包装的卡片，越多越好。受测者不能观察，也没有其他任何感官方式帮助他们猜测结果。实验发现，部分受测男女经常可以准确地猜对卡片，可以说"这些人靠运气或意外猜对卡片的概率非常小，几乎为亿万分之一"。

"但是他们是怎么做到的呢？"这股力量，假设其存在的话，完全不属于感官体系。没有任何器官可以使他们具备这些力量。而且，这个实验在几百英里外仍然有效，实验结果与之前的实验结果一致。赖特先生认为，这些实验结果给了之前尝试以任何物理辐射理论来解释心灵感应或先知先觉的那些人一个交代。所有已知的辐射能量的形式均会随着距离的增加呈反比下降趋势。但心灵感应或先知先觉却如同我们的精神思维一样，不受距离影响。与之前普遍流行的观点相反，心灵感应或先知先觉在受测者熟睡或半睡眠状态下并无任何增强的趋势。但是莱恩博士发现，在受测者最为清醒和有所警觉的状态下，麻醉会降低受测者的分数，但受外界刺激的受测者得分会提高。麻醉时，即便是表现最稳定的受测者也无法取得较高分数，除非受测者尽自己最大的努力。

赖特先生因此得出了一个结论，他自己对这个结论也比较有信心：心灵感应或先知先觉其实是同一种天赋。也就是说，能"看出"卡片正面朝下的受测者与能"读懂"别人脑海中想法的受测者往往是同一个人。目前我们已经发现了不少证据来支撑这个结论。例如，拥有一种天赋的人同时也具备另外一种天赋。其中，在每个具有这两种天赋的人身上，他们都能运用自如，完全不受屏幕、墙体、距离等因素影响。根据这一结论，赖特先生进一步提出：除了"直觉"外的其他超感官体验，如预测未来的梦境、对灾难的预感等相似的体验也是那两种天赋运行机制中的一部分。在此，无人要求读者必须接受上述任何结论，除非读者自己认为有必要接受。然而无论如何，莱恩博士收集的证据依然令人印象深刻。

结合莱恩博士的相关发现和结论，在此我十分荣幸地宣布我们进一步拓展了相关发现。关于大脑会在何种条件下符合他所定义的"超感官"感知方式，我和同事进行了研究，发现能切实有效地刺激大脑从而激发出第六感并使其发挥作用的条件。我们认为发现的方式非常有效，我也会在下一章节详细地介绍第六感。

我提出的条件是我和两名下属紧密合作共同去发现。通过实验和实践，我们已经发现如何刺激大脑（应用下一章中所描述的"隐形顾问"的相关原则）。在把我们三人的思想融为一体的过程中，我们发现了一种解决方案，这个方案可以回答客户提出的各类私人问题。

这个解决方案非常简单。首先要坐在会议桌前，清晰地讲出我们正在思索的问题本质，然后对此展开讨论。每个参与讨论的人都要贡献出自己可能出现的任何想法。在精神刺激下，这种方法有一点非常奇妙，它使得每个参与交流的人沟通了经验知识之外的渠道，尽管这渠道来源不明。

如果你理解了本章节所描述智囊团法则，你肯定会意识到此处描述的圆桌程序就是对智囊团法则的运用。

我们三人针对某一特定话题进行讨论，这种刺激大脑的方法被证实是最简单、最实用的运用智囊团法则的方式。

采用并遵循类似的计划，拥有这种逻辑思维的学生可以进一步掌握本书前言里简要提到的著名卡内基万能公式。如果这一章节对你而言毫无意义，请标记你可以在阅读完整本书后返回这一章，重新阅读一遍。

"大萧条"让人因祸得福。它让整个世界回到一个新的起点,在这个新起点上,每个人都获得了新的契机。

第十四章
第六感

致富第十三步

致富第十三步就是大家所熟知的第六感，它能使个人自主且毫不费力地直接与无穷智慧沟通交流。

这个法则是本书所述成功学的顶点。只有掌握了前十二条法则，才能吸收、理解并且运用这一法则。

第六感是潜意识的一部分，它就是创造性想象力。它也常被称为"接收器"，主意、计划和想法都通过它闪过大脑。这些"闪现"有时候被称为"预感"或者"灵感"。

第六感无法用言语来描述，也无法描述给没有掌握成功学前十二法则的人，因为这样的人并不拥有能与第六感媲美的知识与经验。只有通过内心的冥想才能理解第六感，它是人类有限大脑和无穷智慧之间沟通的媒介，是精神和灵魂的结合。

当你掌握了这些法则，你也接受了如下真理：

通过第六感，你能及时预知并且规避危险，而且适时迎接机遇。

随着你的第六感被逐渐开发，"守卫天使"将会时刻陪在你身边，助你打开智慧神庙之门。

你无法知道其真实与否，除非遵循下文的指示。

笔者并不信教，也并不推崇"奇迹"，因为笔者足够了解大自然，清楚大自然绝不会偏离规律。笔者体验的第六感就像奇迹到来一般神奇，之所以会有这样的感觉，是因为笔者不了解这个法则运行的具体方法。

但是笔者清楚它是一股力量、一项"首要事业"和一种智慧，它穿透物质的每一个原子，接受它就会带给人们力量——无穷智慧的力量使橡子成长为参天大树，它利用万有引力让水流从山顶顺流而下，昼夜往返，季节交替，万物各归其位。如果从成功学的角度加以利用这种智慧，可以帮助人们把欲望转化为具体的物质形态。笔者清楚这点，因为笔者有这样的亲身经历。

一章又一章地阅读，你来到了最后一章。如果你已经掌握了之前的所有法则，那毫无疑问你会接受本章的法则。如果你还没有掌握，那你必须自己确定本章的陈述是事实还是妄言。

当走过"英雄崇拜主义"年代的时候，我发现自己试图模仿所崇拜的那些人。当我发现自己努力向偶像看齐的时候，信念给了我极大的动力，最后助我成功。

尽管我已经走过了这样的年纪，但我依然保留着"英雄崇拜"的习惯。我的经验告诉我，成为伟人的最重要一件事就是向伟人学习，尽可能地学习他们的一言一行，一举一动。

在我还未公开发表文章或者演讲之前，我一直想向对我影响最深的九个人学习，重新塑造自己的品格。这九个人是：艾默生、潘恩、爱迪生、达尔文、林肯、伯班克、拿破仑、福特和卡内基。很多年里，每晚我都梦到自己与这群我称之为"隐形导师"的伟人座谈。

每晚睡前，我会闭上双眼，想象这群人围着会议桌坐在我周围。我不仅有机会与这群伟人坐在一起，而且能以主席的身份领导这个群体。

我之所以沉溺于夜晚的这些会面，是因为内心怀着一个明确的目标——重塑人格。早期，当我意识到自己必须克服先天的不足（无知与迷信），我就开始有意识地通过上述方法获得重生。

自省打造人格

作为心理学的热忱学子，我当然清楚每个人之所以成为现在的样子，取决于内心的主导思想与欲望。我知道每个深藏于内心的欲望都促使人寻求外在表达，从而将欲望转化为现实。我清楚，自省是塑造性格的强有力因素，而且是能塑造性格的唯一因素。

了解大脑运转的这些法则后，笔者已经为重塑性格准备了全副武装。在梦里的这些座谈会上，我向幕僚们寻求知识。我希望对每位成员大声地说出如下请求：

艾默生先生，您在对自然的理解上造诣非凡。您具备了解适应自然律的品质，我希望您的这些品质能影响我的潜意识。我希望您能帮助我获得一切相关的知识。

伯班克先生，你曾运用知识使仙人掌的刺脱落从而可食，我请求你把协调自然律的知识传授给我。请给我获取这知识的途径，它让只生长一片叶子的植物长出两片，让花朵色彩斑斓。

拿破仑先生，我希望通过模仿，从你身上学到鼓舞和振奋士气的能力。我还希望学到永恒的信念，它助你反败为胜并克服重重障碍。命运之帝、机遇之王和人生主宰，我向你致敬！

潘恩先生，我希望从你这儿学到思想的自由、表达信念的勇气和简洁，这些使你鹤立鸡群。

达尔文先生，我希望学到您在自然科学领域所表现出来的极大耐心和毫无偏见的研究能力。

林肯先生，我希望能学到您身上强烈的正义感、坚韧不拔、幽默感、平易近人和宽容等美好的品格。

卡内基先生，感谢您鼓励我选择了正确的职业生涯，这给我带来了巨大的幸福和内心的平和。我希望能学到您对法则的透彻理解和践行法则的有条不紊，正因为您高效地运用了这些法则，才能成就如今的钢铁王国。

福特先生，您是对我的研究材料提供重大帮助的人之一。我希望从您身上学到毅力、决断力、冷静和自信，这些品格帮助您克服贫穷，组织凝聚并且简化人力劳动，我也会紧跟您的步伐去帮助他人。

爱迪生先生，我奉您为上宾，因为您对我关于成功与失败原因的研究给予了帮助。我希望从您身上学到信念的精神，它支撑您揭开了众多自然的奥秘，永不妥协的精神助您最终反败为胜。

我通过这种方法重塑自己的性格。我曾费尽心思研究他们的生活轨迹。几个月的夜间研究后,我惊奇地发现这些想象中的伟人竟然真实起来。

这九位伟人都有令我惊讶的个人风格。比如说,在我们的十人座谈会上,林肯总是迟到,然后他会在四周走动,十分肃穆。当他抵达的时候,走得格外缓慢,他把双手背在身后,时不时地停下,然后把手搭在我的肩上。他脸上总是一副严肃的表情。我几乎很少见他微笑。分裂的国家令他心痛。

伯班克和潘恩总是沉浸于自己的妙语连珠,而且时不时地令人震惊。一天晚上,潘恩建议我准备一个关于"理性时代"的讲座,并且在我曾经去过的教堂里演讲。圆桌边上的其他人都会心一笑,可拿破仑却没有!他大声地叹了口气,引得其他人都惊讶地看着他。对于拿破仑而言,教堂只是国家的傀儡,不思改革,而且是操控群众运动的工具。

有一次,伯班克迟到了。他到的时候神采奕奕,解释自己之所以迟到是因为一个实验,而这个实验可以让任何树上都结出苹果。潘恩指责并提醒他,正是这颗苹果开启了男人和女人之间的潘多拉魔盒(亚当和夏娃的故事)。达尔文咯咯地笑,他建议潘恩去森林摘苹果的时候注意蟒蛇。爱默生则说,"没有蟒蛇,就没有苹果。"拿破仑更是一语惊人,"没有苹果,就没有国家。"

林肯总是最后一个离开座谈会。有一次,他依靠在圆桌一端,交叉手臂,许久保持这个姿势。我并不想打扰他。最后,他缓慢抬起了头,站起身,向大门走去,然后又转身回来,手放在我的肩上,对我说:"孩子,如果你坚持勇往直前去实现人生目标,那你需要更多勇气。但是请记住,当困难向你袭来,逆境会培养出应对的常识。"

一天晚上,爱迪生早早地到达座谈会场地。他走过自己原来的座位,坐在了我左边本属于爱默生的座位,说道:"你注定要见证生活秘诀被揭开。当这个时刻到来，你就会发现生活充满活力和群体，每个群体正如人们想象中那样聪明。这些生活群体聚集在一起就像无数个蜂巢，缺少和谐他们便会分散。

这些群体有不同的观点，正如人类一样，总是互相抗争。你举办的座谈会将令你受益匪浅。这些群体是永恒的，他们永不消亡！你的思想和欲望就像强大的磁铁，它不断吸引着生命体。当然只有那些认同你的个体才会被吸引过来，向你靠拢。"

其他的会议成员陆陆续续进入会议室。爱迪生站了起来，缓慢走回自己的座位。爱迪生彼时仍在世，当我去见他并告诉他这些经历时，他舒心一笑，对我说："你的梦更像是现实。"他并没有进一步加以解释。

这些会议愈发真实，我十分害怕其后果，所以连续几个月中断了梦中座谈会。半年后，一天晚上我醒了，看见林肯站在床边，对我说："世界很快会需要你。人们将经历一段混乱期，这会使大家丧失信心并且充满恐慌。继续你的研究并且完成你的成功学，这是你的使命。如果你因为任何原因错过了它，那你会回到最原始的状态。"

第二天早上，我不知道这究竟是梦还是真的，但我内心十分清楚，纵使它是一个梦，它却如此生动，于是当天晚上我又恢复了梦中的座谈会。

这次座谈会上，九位幕僚齐齐入场，坐在自己往常的位置上，此时林肯举起酒杯说道："先生们，让我们举杯祝贺我们的朋友回归。"

从此之后，我逐渐增加幕僚人数，如今已经超过五十人，其中有圣·保罗、伽利略、哥本哈根、亚里士多德、柏拉图、苏格拉底、荷马、伏尔泰、布鲁诺、斯宾诺莎、德拉蒙德、康德、叔本华、牛顿、孔子、阿尔伯特·哈伯德等。

这是我第一次鼓起勇气提到这个经历。我在这个话题上保持沉默，因为我清楚描述这段独特的经历可能会被误解。我现在大胆地在书中提及，是因为如今我已经不那么在乎别人怎么说。我成熟的福利之一就是自己有勇气做真实的自我，不管他人是否理解或者他们有什么看法。

在大脑的细胞结构里有一个接收"灵感"的器官。目前科学还没有发现第六感所在器官的具体位置，但是这并不重要。事实是，人类的确通过其他非生理感官接收知识。这样的知识往往在巨大激励下催生。任何引起情绪并导致心跳异常加速的紧急情况都会启动第六感。任何在开车时险些遭遇意外的人都清楚，第六感在这种情况下会迅速帮助人摆脱危机，避免意外的发生。

很多次，当我面临紧急情况时，他们为我的危机深感担忧，这些"无形幕僚"的影响助我一次次克服困难。

我最初以为，这些座谈会的目标仅仅是通过自省影响自己的潜意识，并且学到一些良好的品质。近年来，我的实验已经完全进入另一个方向。目前我在这些座谈会上提出困扰我和客户的问题，结果往往是令人惊奇，尽管我并非完全依赖于这种形式的咨询。

聪明的你可能已经意识到本章里讨论的主题不为大多数人所熟知。第六感对于那些拥有强烈的积累巨额财富欲望的人而言，将会大有裨益。

亨利·福特毫无疑问理解并且充分利用了第六感。他庞大的家业和金融运作要求他必须理解并且运用这项法则。已故的发明大王爱迪生在创作发明的过程中，尤其是涉及专利的发明，没有任何已知的人类经验或知识能够指导他，所以借助第六感就显得尤为重要。

几乎所有伟大的领导，比如拿破仑、俾斯麦、基督耶稣、佛祖、孔子和穆罕默德都理解而且持续运用第六感。他们成就的取得也得益于这项法则。

第六感不是可以信手拈来的东西。在你运用本书所描述的其他法则之后，使用第六感的能力便会缓慢到来。很少有人能在 40 岁之前完全掌握第六感的知识，通常只有在 50 岁后才能完全获得这一知识。而且第六感与灵魂息息相关，除非数年时间进行冥思、自省和自悟，才能成熟地运用第六感。

不管你是谁，不论你阅读本书出于何种目的，即便无法理解本章描述的法则，你也能从中获益，尤其当你的主要目标是积累财富。

第六感被纳入本书是为了呈现一套完整的成功学。终极目标是获取相关知识——对自我的认知、对他人的认知、对自然律的认知，以及对幸福的认可与感知。要完全理解本书，就必须运用第六感法则。

读完这章后，你可能注意到自己在阅读过程中备受鼓舞。一个月后回头再看一遍，你会注意到自己备受激励。不时地回过头再看看，不去关注每次自己学到了多少，最终你会发现自己拥有了满满的能量，它助你摒弃失望、克服恐惧、戒掉拖延，并且自由地发挥想象力。然后你就能将欲望转化为物质。

第十五章
如何消除六种恐惧心理

头脑清醒方可致富

在阅读最后一章的时候，

检视自己并发现有多少"鬼"正挡着你的路。

在你可以成功运用哲学思想之前，你的思想一定要做好接收的准备。光做准备并不难。要开始学习、分析并理解你要清除的三种敌人，它们是：优柔寡断、怀疑和恐惧！

当这三种负面的东西有任何一种停留在你脑海里的时候，第六感永远都不会发挥作用。这三者相生相伴，如果发现一种，那么另外两种一定就在附近。

优柔寡断是恐惧的幼苗！优柔寡断会演变为怀疑，两者结合就变成恐惧！这个过程通常很缓慢。这就是为什么这三种敌人是如此危险的原因之一。它们会在不知不觉的状态发芽与生长。

本章剩余部分讲述了实际运用成功学之前需要达成的目标。本章分析了很多人沦为贫困这一情况，也阐述了所有积累财富之人必须了解的事实，无论用钱来衡量，还是用比钱更有价值的心理状态来衡量。

本章目的就是把人们的注意力转移到六种基本恐惧的起因和治疗方式上来。在我们征服敌人之前，必须知道敌人的名字、习性以及住所。随着你继续读下去，仔细分析自己，决定六种常见恐惧中哪些依附于你。

不要被这些潜在敌人的习性所欺骗。有时候它们会藏在潜意识里，很难发现，更难消除。

六种基本恐惧

人们会在不同的时间内遭受到一种或者多种恐惧的折磨，可以总结为六种基本恐惧。如果人们没有受到过六种恐惧的折磨，那算是幸运。这六种恐惧分别是：

恐惧贫穷

恐惧批评

恐惧病体（上述三者位于人类忧虑的最底部）

恐惧失去某人所爱

恐惧年老

恐惧死亡

其他种类的恐惧没有那么重要，并且都可以归类于这六种恐惧。

这六种恐惧是十分盛行的世界诅咒，并且反复循环。在过去六年经济萧条期间，我们在贫穷的恐惧中挣扎。在世界大战期间，我们身处对死亡的恐惧。战争之后，我们又身处对疾病的恐惧，就像传染病很快就传播到了世界各地。

恐惧其实是一种心理状态。一个人的心理状态是可以控制和导向的。大家都知道，医生比普通人更少受到疾病的侵袭，原因就是医生并不恐惧疾病。比如他们每天接触传染病人，但是不会被传染。他们的抗病能力绝大部分来源于他们并不恐惧。

如果人类没有一时冲动的想法，那什么也无法创造出来。在这句话背后则有更深的含义。人类一时冲动的想法会转化成为行动，无论是自愿还是非自愿的想法。偶然拾得的（他人的想法）想法也许会决定一个人的财政、商业、职业或者社会命运，效果同他有意为之一样。

人们不太理解为什么有些人就是很"幸运"，而其他有着同等或者更大能力、训练、经验和脑力的人似乎就很不走运。这个事实可以解释如下：每个人都有能力控制自己的心思意念，对他人大脑释放的思想，他可以选择接受，也可以选择拒绝。

除去思想，大自然赋予人类对于一件事情的绝对控制权。再加上人类的一切创造始于思想这一事实，人类已经非常接近征服恐惧。

如果所有的思想都有外在表现（这确实是真的，无须质疑），毫无疑问，恐惧和贫穷的思想是无法外化为勇气和经济利益的。

在1929年华尔街股灾之后，美国人民开始考虑贫穷的问题。这个反省过程比较缓慢，但可以确定这种大众思考有其外在表现形式，即"经济萧条"。它不得不发生，因为这与自然法则相符。

恐惧贫穷

在贫穷和财富之间没有妥协！通向贫穷和财富的两条路完全相反。如果想要财富，你一定要拒绝任何会导致贫穷的情况。在这里，"财富"是一个广义概念，包括精神财富和物质财富。通往财富之路的起点就是欲望。在第一章里，你知道了如何正确利用自己的欲望。在本章关于恐惧的学习里，你需要实际操作并运用自己的欲望。

这里可以测试你吸收了多少内容。你可以算卦，看看自己的财运。但如果阅读本章之后，你愿意接受贫穷的现状，不如现在做好决定，准备收获贫穷。

如果你想要财富，那么就要决定怎样的财富以及多大的财富才可能满足你。你知道通往财富的道路。你有一张路线图，如果按照路线图走的话，便不会迷路。如果你不看路线图，选择了错误的起点，或者在终点之前就停了下来，你只能责备自己。如果你失败了或者拒绝了生活中的财富，没有什么可以让你免责，因为接受现状就是一种不思进取的思想状态，你必须自主决定。

恐惧贫穷是一种思想状态，而不是其他！它足以毁掉一个人的成功，而这在经济萧条时期尤为明显。

这种恐惧会麻痹人的判断力，破坏想象力，让人不再自食其力。它削减了热情，扼杀了首创精神，导致了目标的不确定，放纵了拖延，令人无法自控；它令人失去了魅力，无法缜密地思考，转移了人的注意力，把人变得固执，意志力全无，丧失了斗志，模糊了记忆，带来了各类形式的失败；它消除了爱，挤掉了美好的情绪，破灭了友谊，带来了灾祸，导致人们失眠、遭受痛苦和信任危机。而这一切的发生都是由于缺乏明确的目标，而不是因为我们身处的世界过于缺乏，不能满足心之所求。

恐惧贫穷，毫无疑问在六种基本恐惧里最具毁灭性。它位于六大恐惧之首，因为它最难被征服。说出这一恐惧的源头需要勇气，说出之后要接受这种恐惧也同样需要勇气。恐惧贫穷来源于人类的遗传，即在经济上压榨自己的同胞。几乎所有动物都有这种天性，但是其"思考"能力有限，因此它们只是折磨对方的身体。人类拥有敏锐的直觉，有能力进行思辨，不会同类相食，人通过经济上"压榨"同类来获得满足。人类贪得无厌，因此就需要法律来保护其同类免受戕害。

纵观人类历史长河，我们身处的时代对金钱的疯狂追逐欲望尤显突出。除非拥有庞大的银行账户，否则人会被小看；如果有钱——无论以何种手段获得，那这个人就是"王"或"大爷"；他凌驾于法律之上，操控政治，支配商业，他路过的时候整个世界都得鞠躬致敬。

没有什么比贫穷带来的磨难和屈辱更多了。只有经历过贫穷的人才能理解这句话的全部含义。

人类害怕贫穷情有可原。人类通过经验学到，在关于金钱和财产的问题上，有些人一定不能相信。这是一条令人感到刺痛的教训，而最糟糕的是：这句话无懈可击。

大部分的婚姻由一方或者婚姻双方的财产牵动而产生。难怪负责处理离婚案件的法庭总是很忙。

人类如此急于获取财富，以至于会以任何方式来获得——如果可以的话，请通过合法的方法。

自我分析揭露出人类不愿承认的弱点。对于那些要求生活摆脱贫穷并再上一个档次的人而言，这种形式的检讨非常必要。记住，当你检讨自己的时候，你既是法庭也是陪审团，既是原告的律师也是被告的律师，你既是原告也是被告，而且，你正在接受审判。要直面事实。问自己问题要给出直接的回答。当检讨结束的时，你会更了解自己。如果在自我检讨过程中，你并不觉得自己称得上公正的法官，不妨叫来一位了解你的人，让他担任法官，而你来检讨自己。你在追究事实。无论这个过程中会带给你怎样的困窘，一定要找出事实！

如果被问到最害怕什么，大部分人会回答"我什么都不怕"。这种回答并不准确，因为几乎没有人意识到因为某种恐惧，他们的精神和身体已受到限制和妨碍。这种情绪如此微妙，以致会伴随部分人的一生，而人们却从未意识到其存在。只有大胆分析才会揭露出这个全民公敌。当你开始这种分析的时候，仔细探究自己的性格。以下是你应该检查的各种症状。

恐惧贫穷的症状

冷漠：通常表现方式为缺乏上进心；愿意忍受贫穷；接受命运而不进行抗争；精神上、身体上的懒惰；缺乏主动力、想象力、热情以及自控力。

犹豫不决：习惯于他人替自己进行思考。总是保持中立态度。

怀疑：通常以不在场证明和借口进行掩饰，甚至托词来为自己的失败辩护；有时候表现为嫉妒成功的人或者嫉妒、批评成功的人。

担忧：通常表现为挑他人的错，总是不顾个人形象，愁眉不展；不节制饮酒，有时候会使用毒品，财务上总是入不敷出；紧张而不镇定，缺乏个人意识和自力更生的能力。

过度小心：习惯于关注负面因素，总是谈论失败而不是成功。了解失败的各种原因，但从不主动计划去避免失败。等待"时机"将自己的想法和计划付诸实践，直到等待成为永久的习惯。总是记住那些失败的人，却忘记成功的人。能看到甜甜圈中的洞，而看不到甜甜圈本身。悲观主义导致消化不良、贫穷、自我毒化、口腔异味以及坏脾气。

拖延症：习惯将一切事推延至明天，而这些事本该今天完成。花费时间为自己未完成工作找借口。这些症状受过度小心、担忧和怀疑的影响。在能够避免的时候却拒绝承担责任。对困难妥协而非去驾驭它，没法把困难当作前进的垫脚石。为一点小利，与生活讨价还价，而不是要求繁荣、富裕、财富、满足和幸福。总是想失败后怎么办，而不是背水一战。弱点：缺乏自信，缺乏自控力、主动、热情、雄心壮志、勤勉的态度和良好的推理能力。不追逐财富，却甘于贫穷。与穷人为伍，却不去接近那些热爱并获取了财富的人。

金钱至上

有人会问："你为什么写一本关于金钱的书？为什么单单用金钱来衡量财富？"有人会相信世界上有比金钱更值得人去拥有的财富，我赞同这一观点。是的，财富无法用金钱来衡量，但成千上万的人会说："给我钱，我就会拥有想要的一切。"

我写这本书的主要原因就是最近世界经历了经济危机，在这之后，成千上万的人被贫穷的恐惧所麻痹。韦斯特布鲁克·佩格勒在《纽约世界电讯报》中很好地描述了这种恐惧带给了人什么：

"金钱只是贝壳，或是金属片，或是几张纸，而心灵的宝藏无法用金钱来购买，但是由于贫穷，大部分人记不住这点，也没法打起精神。当一个人贫困潦倒，流落街头，找不到工作的时候，他的精神就会发生变化，他的肩膀、帽檐、走路的姿势以及目光都会下垂并显得无精打采。在一群拥有工作的人之间，他无法避免内心低人一等的感觉，虽然他清楚，在性格、智力和能力方面，这群人绝对不是自己的对手。"

"这些人——甚至他的朋友们——在另一方面，则会有种优越感，并且潜意识里把自己看作失败者。他也许会借钱熬过一段时间，但是无法继续曾经的生活，而且他没法继续借钱。当一个人借钱单单是为了活下去的时候，这本身就令人感到抑郁。借来的钱不像是自己赚来的钱，无法让他重振精神。当然，这些都不适用于习惯于流浪或者游手好闲的人，仅适用于那些拥有抱负与自尊心的平常人。"

"女性隐藏绝望"

"处于同样窘境的女性一定有所不同。不知怎的，我们在考虑那些被绝望击垮的人时，不会想到女性。她们很少出现在等待分配救济食物的队伍里，也很少上街乞讨。我们无法用同样区分破产男性的方式来在人群中区分出破产的女性。当然，我并非指那些在城市大街上拖着脚走路的老太婆，她们可以用来对应男性中的流浪汉。我指的是那些年轻、得体并且聪明的女性。一定有很多破产的女性，但是她们的绝望并没显现出来，也许她们直接扼杀了绝望。"

"当一位男性贫困潦倒，他有充分的时间来进行思考。他可以走数十英里去找人求一份工作，然后发现这份工作已经给别人了，或者这份工作没有基础工资，只是去卖没人会买的小饰品。拒绝这份工作之后，他就发现自己又回到了大街上，没有可以去的地方。所以他就一直走，一直走。他看着橱窗里的奢侈品，自己买不起，又感到低人一等，就给那些真正有兴趣购买而停下来观赏的人让位置。他漫步进了火车站，或者走进图书馆来歇歇脚，暖和一下身体，但这又不是在找工作，所以他还得继续走下去。他也许知道自己的情况，但是漫无目的的游荡会让他越走越远，即使自己本身并没有能力走这么远。他可能穿着之前上班时候的好衣服，但是也无法遮掩自己的落魄。"

"金钱造成差别"

"他看到成百上千的其他人，会计员、职员、药师或者手推车主，都干得风风火火，他从内心深处嫉妒这些人。这些人十分自立，他们有自尊和人格，而他就是无法说服自己也是个好人，虽然他不停地解释宽慰自己。"

"正是金钱引发了他的感受。稍微有点钱，他就会回归自我。"

"一些雇主利用这些潦倒的人。有些他们挂出彩色的小牌子，为这些潦倒的人提供极低的工资——一周12美元，一周15美元。一周18美元的工作算是上等工，而那种一周25美元的工作根本不会写在门口挂着的彩色小牌子上。我看过一份当地报纸的招聘广告，雇主想招聘一个人，岗位是抄录员，每天从上午11点到下午2点接一家三明治店的电话订单，一个月工资8美元——不是一周8美元，而是一个月8美元。广告上还说，'要求应聘者信奉新教'。雇主多么残忍，多么厚颜无耻，才会提出应聘者'衣着良好而容貌整洁'的要求，工资却只有11美分，而同时还要调查宗教信仰。但是潦倒的人只能接受这些条件。"

恐惧批评

这种恐惧从何而来，没有人能准确说清楚，但可以确定这种恐惧的形式高度发达。有人相信当政治成为一种"职业"的时候，这种恐惧便产生了。其他人相信，这种恐惧追溯至女性最初注意穿衣"风格"的时候。

这位揭示恐惧起源的人既不是幽默作家也不是预言家，他把人对批评的恐惧归因于人类本性。他通过批评同胞来证明自己的行为正当。众所周知，小偷会批评被偷的那个人——政治家往上爬，不是靠展现自己的德行和才干，而是靠诋毁对手的名誉。

恐惧批评有很多种，但大部分微不足道。比如说，光头的原因不是别的，就是恐惧批评。光头是因为帽子的束缚切断了发根的循环。男人戴帽子不是因为他们真的需要帽子，主要因为"大家都戴帽子"。于是就有了羊群效应，以免其他人批评他。女性很少光头或留很少的头发，因为她们戴的帽子很宽松，主要是为了装饰。

但是这并不意味着女性就不会受到批评。如果在战胜恐惧这方面，有哪个女性说自己要比男性优越的话，让她戴着1890年的帽子在大街上走一趟。

精明的服装制造商善于利用这种对批评的恐惧，而所有人都无法免于这种恐惧的诅咒。每一季的穿着打扮都会发生改变。谁来确立风格？当然不是服装购买者，而是制造商。为什么需要频繁地变换风格？答案很明显。改变风格，这样制造商就能卖出更多的衣服。

出于同样的原因，汽车制造商（除了十分明智的极少数）每季变换车型。没有人想驾驶不入流的车，虽然款型老旧点的车也许更好。

我们描述了人们恐惧批评时表现出的行为，而举例也都是生活中微小而琐碎的内容。现在我们来检查一下，当这种恐惧与人际关系中更重要的事情产生联系，人类行为会有怎样的变化。比如说，任何"心智成熟"的人（大概35至40岁，通常来讲），如果你了解他内心中的秘密想法，你会发现他对几十年前大部分教条主义者和神学家的教条非常坚决地不信任。

当然，你会发现只有少部分人有勇气公开说出自己的信念。大部分人，如果遭受外界的压力时都会说谎，而不是承认他们并不相信那种宗教故事，这些故事在科学发现和教育面前严重束缚人们的思想。

为什么即使在现代这种开化社会，普通人依然拒绝承认自己并不相信某些宗教的故事？答案就是，"因为恐惧批评"。由于敢于公开表达自己不信鬼神，许多人被烧死在火刑柱上。难怪我们遗传了这种潜意识，让我们恐惧批评。在过去，批评会招致严厉的惩罚——某些国家现在依然如此。

恐惧批评夺取人的主动权，扼杀想象力，限制个性，带走自我依赖，并带来毁灭性打击。批评孩子会造成不可修复的伤害。以前，我一个小伙伴的妈妈几乎每天都拿鞭子抽他，还总一边说"你看你在20岁之前，肯定进监狱"。17岁那一年，他被送进了少年管教所。

批评是一种服务，但每个人接受得太多。每个人都可以免费给出大量的批评，不管要求如此还是自愿。最亲近的亲人通常是最糟糕的批评者。如果父母用不必要的批评在孩子的思想中建立了低人一等的心理，这应该被视为一种犯罪（实际上这是最糟糕的犯罪）。深谙人性的雇主，如果想要发挥出雇员的能力，不会批评而是给出建设性的建议。同样，父母也可以给孩子建设性的建议。批评在人们心中植入恐惧和仇恨，而不会建立爱或者热情。

恐惧批评的症状

对批评的恐惧几乎与对贫穷的恐惧一样常见，对个人成就的影响也是致命的，因为这种恐惧会毁掉主动权，扼杀想象力。恐惧批评的主要症状为：

自我意识：通常表现为与陌生人见面和沟通的时候紧张且怯懦，手和四肢动作尴尬，眼神游离。

缺乏镇静：通常表现为无法控制自己的声音，别人在场的时候会紧张，身体姿势不佳，记忆力下降。

性格：缺乏果断、个人魅力以及坚定表达意见的能力。遇事时习惯置身事外，而不是直面难题。不仔细考虑他人意见便轻易同意。

自卑情结：习惯于口头和行为上表达自我赞同，以掩盖自卑。使用"空话"给他人留下深刻印象（通常并不知道这些空话的实际意义）。在穿衣、说话和礼仪方面模仿他人。吹嘘想象出来的成就，让自己表面上感到很优越。

奢侈：习惯"与左邻右舍攀比"。花销超出自己的收入。

缺乏主动权：不去争取机会，紧张、虚弱、缺乏耐性、不愿进步，害怕表达自己的观点，对自己的想法缺乏自信，当位高权重者提问时回答闪烁其词，举止和发言犹豫，语言和行为带有欺骗性。

缺乏野心：精神和身体上十分懒惰，缺乏个人主张，决定较慢，易受他人影响，习惯于当面称赞、背后批评，接受失败而不做抗争，一有反对就会退出，无理由怀疑他人，缺乏礼仪和口才，不愿意接受自己的错误和他人的指责。

恐惧疾病

这种恐惧带有生理和社会遗传性。究其来源，它与恐惧年老和恐惧死亡的原因有密切关系，因为它把人们带到未知的"恐怖世界"，对此人们只是从那些令人不安的故事中获得一星半点知识，又迫切需要了解。通常人们认为那些从事"出售健康"行业的不道德之人使大家处于恐惧疾病的忧虑中。

主要来讲，人类恐惧疾病是由于其脑海内已经被植入恐怖画面，即如果死亡来临，会发生什么事情。人类恐惧疾病的另一个原因是担忧可能带来的经济损失。

一位颇有争议的医生估计说，75%去看医生并寻求专业服务的人都患有疑病症（幻想病症）。有证据显示，对于疾病的恐惧，会让人没病产生病。

人类大脑是多么有能力！它可以有所建设，也可以毁灭一切。

专利药品的销售商利用这种恐惧赚得盆满钵满。人类轻信他人的本性被大量利用，而且越来越常见。约在20年前，《克里尔周刊》就对专利药品界糟糕的销售商进行过讨伐。

当世界大战期间暴发"流感"时，人民对流感的恐惧带来了伤害，纽约市市长就此进行检讨。他召集新闻记者，告诉他们："先生们，我要求你们不要再写任何关于'流感'令人感到恐惧的文章，这很有必要；除非你们与我合作，否则我们即将面临无法控制的情况。"新闻界于是停止刊登关于"流感"的消息，就在一个月内，流感被成功控制住了。

一系列几年前进行的实验证实，人们会因暗示得病。我们进行这次实验的时候，要求三名熟人去拜访"受害者"，每个人都会问："你怎么了？你看起来病得很厉害。"第一个人问到的时候，通常会得到一个微笑以及一句冷淡的"哦，没事儿，我挺好"。第二个人再问的时候，受害者通常会答道："我也不太清楚，但是我确实感到很糟糕。"而第三个人通常会得到坦率的回答，说自己真的感觉不太好。

如果你怀疑，你可以在一位熟人身上试验，但不要做得太过。有些宗教成员对于自己的敌人会通过"施法"来进行报复，让受害者"中魔咒"。

有大量证据表明，疾病有时候会从负面想法潜移默化。通过提建议，或者某人自己在脑海里形成，这种负面能量会从一个人的思想传达到另一人的思想中。

有一位很有智慧的人曾说："当有人问我感觉如何的时候，我总想把他打倒在地来回应。"

医生会让病人换个地方来改善健康，因为"精神态度"的改变非常重要。恐惧疾病的种子存在于每个人类大脑中。对爱情和商业事务的担忧、恐惧、沮丧和失望都会导致这颗种子发芽继而生长。最近的经济萧条就让医生们很忙，因为每一种负面想法都有可能令人生病。

对于事业和爱情的失望是导致这种恐惧的罪魁祸首。一名年轻人因爱情不顺住进医院，几个月时间总是徘徊在生死之间。一名治疗专家负责治疗他，专家让一位非常有魅力的年轻女士照顾病人，这位护士在第一天上班时就主动追求他。三周后，病人离开了医院，虽然依然在病痛中，但是病症完全不同。他再一次陷入了爱情。虽然治疗方法带有部分哄骗的性质，但病人和护士后来真的结婚了。在我写这本书的时候，两人身体状况都十分健康。

恐惧疾病的症状

这种恐惧的症状表现为：

自我暗示：习惯性自我暗示，寻找各种疾病的症状。沉浸在病痛的幻觉里，而且仿佛真的一样谈论疾病。习惯于尝试他人推荐的各种治疗方法，并认可治疗功效，与他人谈论手术、事故及其他种类的疾病。在没有专业指导的前提下，尝试节食减肥或锻炼身体来减轻相关症状。尝试在家治疗，服用专利药和"速效治疗"药。

疑病症：习惯谈论疾病，把自己的思维全部集中于疾病，总是怀疑自己有病，最后导致神经崩溃。这种病症没有治疗药物。这是负面思考造成的，只有正面思考才能展开有效治疗。据说自疑病症对身体造成的损害与真病造成的损害相同。大部分所谓的"神经症状"都起因于疾病自疑。

训练：恐惧疾病通常会妨碍适量的体能训练，人们避免出门活动，结果就是超重。

多疑：对于疾病的恐惧会破坏自然赐予的身体免疫机能，导致滋生一种易患病的环境。

恐惧疾病通常与恐惧贫穷有关，尤其是那些自疑病症者，他们总是担心无力付医疗费用。这种人花费太多时间谈论生老病死、自己的墓地和安葬费用，等等。

自我怜惜：习惯于使用想象性病症来博取同情（人们通常会使用此招来逃避工作），假装生病来掩盖自己的懒惰，或者为自己缺乏野心找理由。

不节制：习惯于酗酒或服用药物来抑制身体上的疼痛，例如头痛、神经痛等等，而不是寻找其他方式来消除病痛。

习惯于阅读关于病症的描述，担心如果生病会发生怎样的后果。习惯阅读专利药品的使用说明。

恐惧失去所爱

并不需要过多描述这种遗传性恐惧的最初来源，因为可以明显看出，它源于人类的一夫多妻制，男人们夺走竞争者所爱，并习惯于随意对待自己的妻子。

嫉妒以及其他相似的精神失常状态来源于人内心对失去所爱的恐惧。这种恐惧是六中基本恐惧中最痛苦的一种。与其他基本恐惧相比，嫉妒可能对身体和心灵都有更大的伤害，因为它通常会导致人永久性精神失常。

对失去所爱的恐惧可以追溯至石器时代。当时男性使用暴力来抢夺女性。他们继续追逐女性，但是技巧发生了改变，采用现在的说服术：保证会有漂亮的衣服、车辆及其他"钓饵"。男人的习惯和他们在人类文明最初时完全相同，只是用不同的方式来进行表达。

仔细分析的话，可以看出女性对于这种恐惧更加敏感，这很容易解释。女性根据经验学到，男性本质上都想要一夫多妻，女人完全不值得男人信赖。

恐惧失去所爱的症状

这种恐惧的症状很好辨认，它们是：

嫉妒：习惯在没有任何合理证据的前提下，怀疑朋友和深爱的人（嫉妒是神经错乱的一种形式，有时候会导致无缘由的暴力行为）。习惯于在没有证据的前提下责备自己的妻子或丈夫的不忠。通常会对每个人感到怀疑，对任何人都不信任。

挑错：习惯性地去挑朋友、亲戚、商业伙伴和爱人的错。

赌博：赌博、偷窃和欺骗，甚至为所爱之人不惜冒生命危险，以为这样做会得到爱。做超出自己能力的事情，比如借债来给爱人提供礼物。导致失眠，紧张，缺乏持久性，虚弱，缺乏意志力，缺乏自控力，缺乏自我依靠和坏脾气等精神状态。

恐惧年老

主要来讲，这种恐惧有两种来源。第一，认为年老会招致贫穷；第二，以前受过的虚假宣传，如旨在奴化人的炼狱与神鬼的故事。

在恐惧年老的基本要素中，人类有两个非常合理的理由来解释自己的担忧：一个是对同类的不信任，认为他们会占有其留在世上的东西；第二个是对其死后世界的恐惧，这种恐惧通过社会性遗传植入其大脑，掌控并使人无法独立地思考。

随着人们逐渐老去，身体就越可能生病，这也是恐惧年老的常见原因。性也是恐惧年老的原因，因为没有人会希望自己逐渐失去性吸引力。

恐惧年老的最常见原因与恐惧贫穷有关联。"家徒四壁"不是什么好听的词汇，会让人联想终老于破败的农场，让人不寒而栗。

另外一个让人们恐惧年老的原因就是会失去自由和独立，因为随着年老，人们会失去身体上和经济上的自由。

恐惧年老的症状

这种恐惧的最常见症状为：

在精神状态达到成熟，大概 40 岁的时候，就开始降低节奏，自以为开始走下坡路了（事实是，40 岁到 60 岁是人类在精神上最大化发挥效用的年龄）。

习惯性地用道歉的语气说话，说自己"老了"，而原因仅仅是自己到了 40 岁或者 50 岁的年龄，而不是怀着正面的心态去应对，没有对这个充满智慧与理解的年龄表达感激。

不再有主动性、想象力以及自我依赖，错误地相信自己因为太老无法再拥有这些能力。穿着打扮总想显得更加年轻并且模仿年轻人的行为，因此招致朋友和陌生人的嘲笑。

恐惧死亡

对于有些人来说，这是基本恐惧里最残酷的一种。原因很明显：这种恐惧与死亡相联系，而且大多数情况直接与宗教狂热相关。与那些更加"文明"的人相比，所谓的"异教徒"反倒没那么畏惧死亡。数百万年来，人类一直在问没有答案的问题，"从哪里来，到哪里去？""我从哪里来，我又要到哪里去？"

在过去最黑暗的年代，那些狡猾的人很快给出了答案，但前提是要付出代价。现在，让我们来看恐惧死亡的主要来源。

"进到我的帐篷里来，拥抱我的信仰，接受我的教条，我会给你一张通行票，在你死去的时候让你直升天堂。"一名宗教首领这样说道。"待在我的帐篷外面，"同样的首领这样说道，"希望恶魔可以带走你，焚毁你，让你不得永生。"

永恒是很长的一段时间。火焰是很糟糕的事情。用火来进行永恒地惩罚，这让人不仅害怕死亡，也会失去理性。恐惧会毁坏人类对于生活的兴趣，使人觉得幸福是件不可能的事。

在开展调查期间，我阅读了一本书叫作《上帝目录》，书里列举了3万种人类崇拜过的上帝。想想3万种上帝有各种象征物，可以是小龙虾，也可以是人。难怪人们在接近死亡的时候会那么害怕。虽然宗教首领可能无法提供安全进入天堂的方式，也无法让不幸的人下地狱，但是后者似乎更让人害怕，仅仅想一想就会让人丧失理性，出于对死亡的恐惧。

事实上，没有人知道，也没有人曾经知道，天堂或地狱是怎样的，也没有人知道是否真的存在天堂或者地狱。这种对相关知识的缺乏让人脑洞大开，也使得骗子用胡言乱语和各种各样欺骗性话语控制别人的大脑。

现在对死亡的恐惧已经没有过去那么普遍了，因为过去没有普及的高等院校。现在科学之光照亮了世界，把人从死亡的恐惧中解放出来。大学生不再会被"硫黄""火焰"触动。通过对生物学、天文学、地质学及其他学科的学习，黑暗时代那些控制人类思想并毁掉人理性的恐惧已不复存在。

精神病院里满是疯了的男女，因为他们对死亡充满恐惧。

这种恐惧根本没用。死亡终会到来，不论人的想法如何。死亡是人生的一部分，再想它也没有用。死亡是注定会到来的，也会降临到每个人头上。也许它并没有像描述的那么糟糕。

整个世界仅仅由两种事物组成：能量和物质。在基础物理学中，我们学到能量和物质都无法被创造或者毁坏。能量和物质可以转化，但无法被毁灭。

生命就是能量。如果能量和物质都没法被毁灭，当然生命也无法被毁灭。就像其他能量形式一样，生命以通过不同的转换或者改变来进行传递，但是无法被毁灭。死亡不过是一种传递而已。

如果死亡不是改变或是传递，那么在死亡之后，除了永久平静的睡眠，就什么也没有了，而睡眠不值得被害怕。因此你可以永远消除对于死亡的恐惧了。

恐惧死亡的症状

这种恐惧的常见症状为：

习惯性思考死亡，而不尽力过好现在的生活，由于缺乏目标或没有合适的职业。这种恐惧在老年人群里更加盛行，但是有时年轻人也是受害者。想克服这种恐惧，最有效的方法就是依靠强烈的成功欲望，可以靠提供他人有用的服务来实现。忙碌的人很少有时间来思考死亡。对他来说，生命太可贵，没有时间去担心死亡。有时，人对死亡的恐惧与恐惧贫穷有关联，因为死亡可能会让所爱之人陷入苦痛与贫穷。在其他情况下，恐惧死亡是由生病和身体免疫力下降引起。恐惧死亡的最常见原因就是：贫困、缺乏合适的职业、对于爱情感到失望、发疯、宗教狂热。

克服忧虑

担忧是一种恐惧心态，它作用缓慢但持续，它暗中潜伏，然后一步一步地"深埋进"大脑，直到麻痹一个人的理性思维，毁坏他的自信和主动性。担忧是一种持续的恐惧，起因是犹豫，因此这是一种可以控制的思想状态。

没有定性的思想状态是没用的。犹豫不决会让思想变得不定。大部分人都缺乏迅速做决定的意志力，然后保持定力。在经济不稳定情况下（比如最近的经济危机），一个人不仅受自己的犹豫不决的影响，而且受周围其他人的影响，因此造成"大众不定"的状态。

在经济衰退期间，全球都处于"恐惧"和"担忧"的气氛中，在1929年华尔街股市大崩盘之后，这两种精神上的病毒就开始蔓延了。对于这两种病毒，只有一种治疗方式，即迅速和果断。这是每个人都必须采用的治疗方式。

一旦我们做出决定并采取行动，我们就不再担忧。

我曾经访问过一个人，他两小时之后就要被处以电刑。这位已被定罪的人是同一所监狱8个人中最为镇定的。他的镇定让我不禁问他，知道自己在不久之后就要永远死去是怎样一种感觉。他的脸上浮现出了微笑，他说："感觉很好。你想，兄弟，我的苦难很快就会结束。我这一生除了苦难就没有别的。对我来说达到温饱都很难。很快我就不需要这些东西了，自从我得知自己必须死之后，我就感觉特别好。当时我就下定决心，保持好的精神状态接受我的命运。"

在他说话的时候，他吃了足够三人份的晚餐，所有带给他的食物都被吃完了，而且他明显很享受这顿饭，仿佛之后没有灾难在等着他。内心的坚定让他服从于自己的命运。坚定也可以阻止一个人接受并不希望得到的情况。

借助犹豫不决，六种基本恐惧都会转化成为担忧状态。要让自己免于对死亡的恐惧，就要接受死亡的不可避免；如果要克服对贫穷的恐惧，就要无须担忧，决定接受你通过努力取得的财富；如果要克服对批评的恐惧，就要决定不在乎他人怎么想、怎么说；如果要克服对年老的恐惧，就要决定接受年老，这不是一种劣势，而是一种年轻人没有的智慧、自律以及理解的祝福；如果要克服对疾病的恐惧，就要决定忘记各种症状；如果不再对失去所爱恐惧，就要决定在没有爱的情况下继续过日子。

消除各种各样的担忧，给自己一个结论：面包会有的。这样，你就会做到心理平衡和内心平静，幸福就会随之而来。

一个人内心若满是恐惧，就会丧失理智而且会殃及周围的人。

狗和马清楚自己主人什么时候缺乏勇气，它们会觉察到主人的犹豫不决，并给出反应。动物王国的其他动物也会识别人类的恐惧。蜜蜂能立刻感知到人类的恐惧，目前还没有查明缘由：蜜蜂会专蜇害怕的人，而不害怕的人却没事。

恐惧会从一个人传递到另一个人，就像人的声音从广播站传递信号给收音机的接收器一样。

心灵感应是现实的。思想会从一个人的大脑传达到另一个大脑，这是一个自发的过程，无论释放这种思想和接受它的人是否意识到这个过程。

那些通过言语释放思想的人，如果给出了负面或者破坏性想法，一定会接收到"报复"的信号。破坏性思想也会导致多种形式的"报复"。首先，最重要也最需要记住的是，释放破坏性思想的人一定会在破坏创造性想象力的过程中自损；第二，任何破坏性思想会让人发展负面人格，让其他人感到不愉快，并且把人变成反社会人格；第三，喜欢释放负面思想的人不仅会损害别人，而且它会深深植入释放者本身的潜意识，然后变成人自己性格的一部分。

思想的释放不会就此完结。当某种思想被释放并且向各个方向传播的时候，它会深深根植于释放者的潜意识里。

在生活中，你的主要目标是取得成功。如果想要成功，你一定要保持心态平和，获取生活所需要的物质条件，而最重要的就是获取幸福。所有这些成功都始于思考。

你可以控制自己的心思意念，你有权决定自己的所思所想。这种权利带来的责任就是要好好利用这种能力。你是自己命运的主宰，也是自己思想的掌控者。你可以影响、引导并最终控制自己的环境，让生活成为自己想要的样子——或者，你可以放弃主导然后让自己漂浮，就像是大海中的一片叶子。

恶魔工作室

第七种基本罪恶

除去六种基本恐惧，还有另外一种罪恶令人深受其困。失败的种子会在这片罪恶之土里迅速生长。它看起来微不足道，而且很难被人察觉。它深藏于人类思想里，却不被归类为恐惧，但比六种恐惧更加致命。如果要给它命名的话，可以称之为：对负面影响的敏感。

积累很多财富的人想要保护自己免受这种罪恶的侵扰，而贫困潦倒的人从来不会在意，那些取得成功的人一定要让自己的大脑准备好抵抗这种罪恶。如果你为了致富才读此书，你应该非常仔细地检讨自己对负面影响是否敏感。忽视了这种自我剖析，就等于丧失取得目标与成功的权利。

做好分析调研。当读完这份自我分析的问卷之后，你要仔细检查自己的答案。你要像搜寻敌人一样仔细地找出自己的不足。

人容易免受高速公路抢劫，因为法律给你提供保护，但是"第七种基本罪恶"更难克服，因为它在你还没有意识的时候就悄然来袭，无论你是睡着或是醒来。另外，它是一种无形的思维状态。这种罪恶很危险，因为人有多少经历它就有多少形式。有时候它会通过亲戚好友的言语而进入你的大脑。而在其他时候，它从内部滋生，通过人的精神状态成长起来。它永远都像毒药一样致命，虽然不会立马置你于死地。

如何保护自己免受负面影响的侵扰

要保护自己免受负面影响侵扰，无论是来源于自身，还是身边的人，你要意识到自己有这样的意志力，而且要经常使用这种力量，直到建立起对负面影响的免疫之墙。

你要意识到，自己和其他人一样缺乏鉴别力，对恭维你的话言听计从。

你要意识到，这些负面影响会作用于你的潜意识，因此很难被发现，所以你要远离那些让你思想消沉的人。

清掉你的药箱，扔掉所有药瓶，不要再让自己多疑。

多与助你思考和为你着想的人在一起。

不要怕麻烦，因为麻烦不一定会让你失望。

毫无疑问，人最常见的弱点就是对负面的思想毫不设防。这个弱点拥有巨大的毁灭性，而大多数人并没有意识到自己受到其诅咒。很多人认识到了，却视而不见甚至拒绝纠正，直至这种罪恶变得不可控制。

为了帮助读者真正剖析自己，我准备了如下测试问题。请仔细阅读，并大声说出答案，要能听到自己的声音。这样更容易帮你诚实地面对自己。

自我分析测试问题

你会经常"感觉很糟糕"吗？如果是，个中原因是什么？

你会因为特别小的调动问题而挑别人的错误吗？

你会在工作中经常犯错误吗？如果是，为什么？

你和他人对话中会习惯性讽刺或者很无礼吗？你会故意避免与其他人沟通吗？如果是，为什么？

你会经常在消化方面有问题吗？如果是，原因是什么？

在你看来，生活看起来毫无价值，且未来毫无希望吗？如果是，为什么？

你喜欢你的职业吗？如果不是，为什么？你经常自怨自艾吗？如果是，为什么？

你嫉妒那些比你优秀的人吗？

你花更多时间来考虑成功还是失败？

随着年龄增长，你变得更加自信还是会失去自信？

你从所有错误里学到了什么？

你会让亲人或朋友担心吗？如果是，为什么？

有时候你会"心不在焉"，而有些时候很沮丧吗？

对你来说，谁会带来最好的激励作用？原因是什么？

你会容忍负面或令人沮丧的影响吗，但你是否本可避免？

你很不在乎个人外表吗？如果是，为什么？

你是否学过如何变得忙碌起来去逃避其他问题，这样就不会受到困扰？

如果让别人替你进行思考，你会称自己为"怯懦的人"吗？

你会忽视内心洗礼，直到自动排毒功能让你感到不舒服或者暴躁吗？

有多少本可避免的干扰在困扰着你，可你为什么要忍受？

你会用酒精和毒品来镇静自己的神经吗？如果会，为什么不试着用精

247

神力量来控制？

有人"不断唠叨"你吗？如果是，因为什么？你有绝对的主要目标吗？如果有，目标是什么？在达成目标过程中你有什么计划？

你受到六种基本恐惧的困扰吗？如果是，是哪些恐惧？

你有方法可以让自己免受他人的负面影响吗？

你会故意通过自我建议来让自己的思想变得更积极吗？

物质财产和控制自我思想的优势，你更珍惜哪个？

你很容易受他人影响，而违背自己的判断来做事吗？

今天的学习让你的知识储备和精神状态有所提升吗？

你是否能直面那些让你不开心的情况，还是选择逃避责任？

你会分析所有的错误和失败并试着从中获益，还是你的态度是推诿责任？

你能说出自己的三大弱点吗？你会怎样克服这些弱点？

你会鼓励其他人向你讲述自己的担忧以获取同情吗？

日常生活中，你会选择学习课程来帮助自我进步吗？

你的出现对别人产生过负面影响吗？

别人的什么习惯最让你烦？

你是否学过如何营造让自己免受负面影响的思想状态？

你的职业带给了你信念和希望吗？

你是否意识到自己有足够的精神力量来抵御各类恐惧？

你的信仰是否帮助你保持积极的思维模式？

你相信"物以类聚，人以群分"吗，通过研究你周围的朋友，你可以了解到自己的什么？

你认为，那些与你关系最密切的人和你经历的不开心之间有什么关联？

是否有些你认为是朋友的人实际上却是你最糟糕的敌人，因为他对你的思想产生了负面影响？

你通过怎样的规则来判断谁对你有帮助，谁给你带来了损害？

你的密友的精神境界比你高还是比你低？

每天24小时里，你如何分配下列事项的时间：

a. 工作

b. 睡眠

c. 娱乐放松

d. 学习

e. 单纯浪费

在你的朋友中，谁带给你

a. 最多鼓励

b. 最多谨慎

c. 最多沮丧

d. 最多帮助

你最大的担心是什么？你为什么要忍受这种担心？

当他人向你提供免费的意见时，你会毫无顾虑地接受，还是会分析其动机？

你最想要什么？你打算去争取吗？你愿意把这种渴望放在所有渴望之

前吗？你每天为之投入多少时间？

你经常改变自己的想法吗？如果是，为什么？你会经常中断自己已经开始做的事情吗？

其他人的工作、职业头衔、大学学历和财富很容易给你留下印象吗？

你很容易受他人对你的想法或言语的影响吗？

你会因为别人的社会地位或财产状况就去照顾他／她吗？

你认为谁是最伟大的人？这个人在哪些方面强于你？

你花费了多少时间研究并回答上述问题？（如果认真地分析并回答整个问题列表，至少需要一天的时间）

如果你诚实回答了上述所有问题，那你会比大多数人更了解自己。仔细研究这些问题，每周定期看一遍，持续几个月后，你会感到震惊——你对自己有了更多的了解！而方法仅仅是诚实作答所有问题。如果你不是很清楚部分问题的答案，那就找人求助。这个人要对你有充分了解，而且没有动机去奉承你。这种经验会让你感到收获惊喜。

你只对一种事物拥有绝对控制，那就是自己的思想。而这对于人类来说，应是最有意义且最鼓舞人心的事实！这可以反映人神圣的本性。这种神圣特权是你唯一掌控命运的方式。如果你无法控制自己的思想，那么肯定也没法控制其他事情。

如果你对自己的财产不太看重，那就把自己的财产和物质放在一起。你的思想就是精神财富！要仔细保护并使用它，因为上天赋予你这一神圣的本性。为了实现这个目的，你被赋予了精神的力量。

不幸的是，那些提出负面建议毒害他人思想的人，不论故意还是无意，并不会受到法律惩罚。造成这种毒害的人应受到严厉的法律制裁，因为它经常毁掉人们取得合法物质财产的机会。

拥有负面思想的人曾尝试说服托马斯·爱迪生，说他不可能做出可以记录并复制人类声音的机器，他们说，"因为没有人曾经做出过这种机器。"爱迪生并没有听信他们的话。他知道大脑会催生任何让思想相信的事，而导致爱迪生在普通人里脱颖而出的原因就是：他相信自己的知识。

充满负面思想的人告诉伍尔沃斯，如果只卖5美分和10美分商品的话，他会"破产"。他不相信这些人的话。他知道如果用理性和信念支撑自己的计划，他可以做到一切。他行使了自己的权利，摒弃了他人的负面影响，而后积累了巨额美元的财富。

有负面思想的人告诉乔治·华盛顿，没有可能战胜英国强大的军事力量，但是华盛顿行使了相信自己的权利，所以本书也得以在星条旗的保护下出版，而贵族康沃尔的名字则被人们遗忘。

当亨利·福特第一次在底特律的大街上试驾自己制造的原型车时，那些满是负能量的人充满怀疑并且无情地嘲笑他。有些人说这东西永远都不会成真，其他人说没有人会愿意花钱买这玩意儿。福特说："我会用靠谱的汽车撬起地球。"最后他做到了！他决定相信自己，并为其后世的五代子孙积累了大量的财富。那些想获取财富的人，请一定记住，福特与几十万替他工作的人之间唯一的区别是——福特有自己的思想并且自我掌控自己的思想，其他人有自己的思想但不尝试去控制。

人们反复提及亨利·福特的例子，因为他作为一个有思想并且可以控制自己思想的人，取得了令人震惊的成就。他的成就经住了时间的考验，击碎了借口："我从没遇到机会。"福特也从没有得到过机会，是他自己创造了机会，并且坚持下来，所以他比一般人富有得多。

思想控制是自律和习惯的结果。你要么控制你的思想，要么你的思想控制你。没有什么可以妥协。在所有控制思想的方式里，最实际的就是让自己的思想保持忙碌，有一个固定的目标和精心设计的计划。可以研究一下任何有成功记录的人，你会发现，他可以控制自己的思想，而且他会练习这种控制并且让其朝着目标的方向发展。没有这种控制力，人不可能取得成功。

前人的"五十七条"著名借口

没有取得成功的人有相似之处。他们都知道自己失败的理由，而且都有他们认为是毫无纰漏的借口来解释自己的失败。

有些借口很聪明，而有些是很有道理的。但是借口不能当钱用。这个世界只想知道一件事——你成功了吗？

一名人格分析师汇集了人们最常用的借口。你阅读这份列表的时候，仔细检视自己，然后决定这些借口中有多少是你自己会用的。同时也要记住，这本书的主要哲学就是让这些借口都成为过去时。

我要是没有娶妻生子……

我要是有足够的"动力"……

我要是有钱……

我要是接受过好的教育……

我要是能找到工作……

我要是身体好……

我要是有时间的话……

要是在更好的时代……

假如其他人可以理解我……

假如我周围的环境能稍有不同……

我要是能再活一遍……

我要是不害怕"他们"所说的……

我要是有机会的话……

我要是现在有机会的话……

假如其他人没有说"相信我"的话……

我要是没被什么阻拦下来的话……

我要是年轻点的话……

我要是能做自己想做的……

我要是生来就富有……

我要是能遇见"正确的人"……

我要是有其他人的才能……

假如人们没有把我惹毛的话……

我要是不用照顾家里和小孩的话……

我要是能省点钱的话……

假如老板能赏识我的话……

我要是得到他人帮助的话……

假如我的家人理解我的话……

我要是住在大城市的话……

我要是能开始的话……

我要是自由的话……

我要是有其他人的性格的话……

我要是没这么胖的话……

我的才能要是被赏识的话……

我要是能"休息"一下的话……

我要是能摆脱债务的话……

我要是没失败的话……

我要是知道……

假如大家没有反对我的话……

我要是没有这么多担忧的话……

我要是跟正确的人结婚的话……

假如其他人没那么蠢的话……

假如我的家人没那么挥霍的话……

我要是对自己有信心的话……

我要是幸运的话……

我要是出生在正确的时间、地点的话……

假如"该来的总会来"这句话是错误的……

我要是不用这么努力工作的话……

我要是没有失去钱财的话……

我要是住在别的小区的话……

我要是没有"前科"的话……

我要是有自己的生意的话……

假如其他人可以听我的话……

假如他们都……的话，那就太好了。

这是最大的借口。假如我有勇气去看清真正的自己，我会发现自己有什么错误，并且进行改正，然后就可能会有机会从中获益，并且学习他人的经验，因为我知道，我自己身上出了问题，如果我多花时间来分析自己的弱点，少花时间来为自己找借口的话，那我应该已经到了自己本应到的位置。

找借口来解释自己的失败已经成为一种大众娱乐了。这种习性可追溯至人类的起源，而这对于成功来说是很致命的。人们为什么要坚持用这些借口呢？答案很明显，他们维护自己的借口，因为正是他们创造出这些借口！一个人的借口就是他自己想象力的产物，而保护自己的思想产物是人类的本性。

为自己找借口是一个在人类脑海里深深扎根的习惯。习惯是很难打破的，尤其是当这些习惯为我们所做的事情提供理由的时候。柏拉图曾说过："最初也是最好的胜利就是征服自己，而被自己征服的话，是最羞耻和最卑鄙的事情。"

另一名哲学家有着相同的想法，他说："我很惊讶地发现，我在其他人身上看到的大部分丑恶只是我自己本性的反映。"

"我一直很困惑"，埃尔伯特·哈伯德说："为什么人们要花费那么多时间来故意欺骗自己，为自己的弱点找借口。而相同的时间可以用在改正自己的弱点上，如果这样的话根本不需要借口。"

我要提醒你，"生活就像棋盘一样，而坐在你对面的就是时间。如果你在移动之前迟疑，或者冲动移动，那么你的棋子会被时间挤掉。你的对手不会容忍任何的迟疑不决！"

之前你也许会有充分的借口，认为生活没有提供自己要求的东西，但是现在你的借口已经成为过去时，因为你现在已经有了钥匙，可以打开通往生命中充满财富的那扇门。

这把钥匙是无形的，但是很有力！这是一种特权，可以在你的思想中创造出对各种财富的强烈渴望。使用这把钥匙不需要代价，但是如果你不用的话，那一定会付出代价。代价就是失败。如果你使用这把钥匙的话，你会收获惊人的财富作为奖励，也就是那些征服了自己、让生活提供自己要求的一切的人才会有的满足感。

　　这份奖励值得你为此付出努力。你愿意现在开始，并且相信吗？

　　"我们要是有缘的话，"爱默生说，"终有一日我们会相见。"作为结束语，请允许我借用他的话，致你，"如果我们有缘的话，我们已经通过这本书相见。"

THINK AND GROW RICH

这支军队供你使用

它会给你带来名誉、财富、内心的宁静,以及你要求生活中有的一切!

在这张图片中,你看到了地球上最有力的一支军队。请注意对于"有力"这一词的强调。这支军队已经立正、站好,随时接受命令。如果你愿意接手的话,这就是你的军队。

这些士兵的名字分别是:坚定的总目标;节省的习惯;自信;想象力;主动权;领导力;热情;自控力;多付出;令人满意的人格;确定的思想;集中力;合作;失败;容忍;中庸;控制思维。

有一个时间跨度很长的研究,研究对象为 500 名美国人,包括男人和女人——也得到了著名国家领导人的许可——而研究证明,所有真正和持久的成功都是有基本法则的。

力量来源于有组织的努力。你在这张图片中可以看到——在这些"士兵"身上——需要进行组织的各种力量。掌握这 17 种力量或者人格,那么你就会在生活中取得任何你想要的东西。

来自出版商的话

因为我们的目标是帮助你掌握这些力量,所以《思考致富》的出版商想要跟你谈谈。在过去 50 多年里,罗尔斯顿协会也许为几十万——也许上百万——有野心的人提供了自学的教材,可以为他们带来健康、财富、力量和幸福。

我们有很多不同寻常而令人感到兴奋的指导书,范围涉及所有人类力量。一直以来我们都欢迎你阅读这些书,但是现在让我们把注意力放在拿破仑·希尔,《思考致富》的作者,想要向你传达的信息上。约翰·沃纳梅克,一名伟大的商人以及成功大师,纽约和费城的商业王子,曾说过:

我要是有小儿子的话,我会让他仔细研读拿破仑·希尔的《思考致富》,还有……博士的书。这两位也许是世界上最能鼓舞人心的作者。我知道你提供的 17 种成功法则是非常正确的,因为 30 多年以来,我一直在自己的生意中使用。

拿破仑希尔为你制定了升级版课程

正是因为我们感到,这本书的每一位读者都应该继续之后的课程学习,也就是《成功法则》,所以我们在这里提供了自己关于这本绝妙之书的简单看法。

《成功法则》一书讲述了所有持久成功的基础,而这是世界上首次有书讲述这一点。当想法被转化成为明智的计划的时候，这也就是所有成功的开端。所以《成功法则》也会向你展示如何产生实际的想法，而且是以很容易理解的方式进行解释。

拿破仑·希尔花了25年来完善成功哲学。在漫长的25年间，他一直都在进行研究，而他的部分或者全部研究已经得到了这个时代的美国人的认同和赞赏。

在他的读者中就包括美国的四位总统：西奥多·罗斯福，伍德罗·威尔逊，沃伦·哈丁，威廉·霍华德·塔夫特；同时也包括政界、财政界、教育界、发明界的大人物：托马斯·爱迪生，卢瑟·伯班克，威廉·瑞格里，亚历山大·格拉哈姆·贝尔，法官E.H.加里，塞勒斯·柯蒂斯，爱德华·包克，E.M.斯塔特勒等。

始于安德鲁·卡内基

在25年前，拿破仑·希尔是一名年轻的特别研究员，为一家全国知名的经济杂志效力，他被派去采访安德鲁·卡内基。在那次采访中，卡内基很隐秘地给出了自己使用的能力：人类思想的魔法法则——不太有名的心理学原理——但能量真是令人震惊。

卡内基建议希尔说，基于这条法则，他可以建立起所有个人成功的哲学——无论是用金钱，还是用能力、地位、威望、影响、财富积累来进行衡量。

采访的这部分内容没有登入杂志，但是确实让这名年轻的作家进行了25年的研究，而现在我们就向你展示他采用卡内基提示的法则所得到的发现。而使用这些法则的方法在8本书中可以学到，也就是《成功法则》。

在《成功法则》中，人们学到的是真正的课程内容，而不是单纯的娱乐和对于时间的消遣。随后而来的是更大的生意，更大的银行账户，更厚的工资纸币数量；正在挣扎的小公子会获得新生，有能力进行成长；低收入的雇员会快速取得进步。

在有限的段落内很难列出《成功法则》8本书中提到的鼓舞人心并有启迪作用的内容。但是，如果你看一下几位美国领导人说了什么，你会意识到，一顿美味的大餐在前方等着你；他们在创造的过程中就见识到了部分本书想要传达的哲学。

请允许我表达自己的感谢，感谢你给我送来《成功法则》的原件。可以看出来，你付出了大量时间和精力来进行准备。你的哲学非常可靠，而且我要祝贺你在这么长的时间内都坚持自己的研究。你的学生们会因自己的努力而收获奖励。

——世界最伟大的发明家 **托马斯·爱迪生**

你我的作品非常的相近。我在帮助自然法则创造出更加完美的植物品种；而你在《成功法则》中使用同样的法则来创造更加完美的思考者。

——世界著名科学家 **卢瑟·伯班克**

我当然会提供你要求的信息。我把这看作不仅是一种义务，也是一种荣幸。你代替那些没有时间也没有意愿去研究成功和失败缘由的人做出了努力。

——美国前任总统 **西奥多·罗斯福**

我们整体的商业政策，在管理酒店的过程中，都是基于《成功法则》

的 17 条法则来建立的，而我则是此书的学生。

——大酒店系统创始人 E.M. 斯塔特勒

我很荣幸能读到您的《成功法则》。我要是 50 年前读到这本书，我获取同样程度成功的时间应该会缩短一半。我真诚地希望世界会发现你的才能，并给予奖励。

——多拉尔之线轮船大亨 罗伯特·多拉尔

我认为，拿破仑·希尔的作品是最初的实际成功哲学。其最突出的特征就是展现方式的简单性。

——利兰斯坦福大学 大卫·史带·乔丹

证明《成功法则》可靠性的最佳证据，我个人所遇到的就是柯蒂斯先生的成就，他利用所学建立起了最大的出版商。

——《女性家庭月刊》前编辑 爱德华·包克

可以说，洛克菲勒先生认可希尔先生的 17 条成功法则，并且将其推荐给寻求成功的人。

——约翰·洛克菲勒的秘书

金钱买不到的证据

前述的是任何教育课程都很少记录到的证据和赞赏之言。金钱无法买到来自我们时代领袖们的认可。

有上百万的书可以供你娱乐、休闲，度过闲余时间，但是在《成功法则》系列中，有8本充满活力并且充满能量的书，会影响你的命运，让你的未来更加丰富，并且将你的希望和梦想转变为成功的事实。

不要把自己宝贵的年华浪费在盲目搜索通往成功的秘诀上，你要受益于美国领袖的经验。本书为找到他们成功的秘密分析了超过500位伟大的美国人的方法、动机和策略。不管你现在是富有还是贫穷，你和最富有的人有着同样的资产——那就是时间。但是每天随着太阳西沉，你会变老一天，而生命中就少了可以成功和致富的一天。北美大陆上成千上万的进步人士已经意识到这个事实，并且在拿破仑·希尔的《成功法则》中寻找帮助和灵感。

你不可以再日复一日地浪费时间而不学习这些课程了，你会从《思考致富》的课程中受益匪浅，你会从《成功法则》中收获更加令人满足的嘉奖。代价很小，但是收获巨大。

我们可以告诉你《成功法则》的细节内容吗？如果你说"可以"，那么给我们写信，告诉我们你是这本书的读者，并且想要获得关于《成功法则》的详细内容。